별을 따라간
사람들

별을 따라간 사람들

초판 1쇄 발행 | 2010년 3월 10일
초판 4쇄 발행 | 2012년 4월 20일

지은이 | 이향순
펴낸이 | 조미현

출력 | 문형사
인쇄 | 천일문화사
제책 | 쌍용제책사
본문 디자인 | KOAD
표지 디자인 | JUN

펴낸곳 | (주)현암사
등록 | 1951년 12월 24일 · 제10-126호
주소 | 121-839 서울시 마포구 서교동 481-12
전화 | 365-5051 · 팩스 | 313-2729
전자우편 | editor@hyeonamsa.com
홈페이지 | www.hyeonamsa.com

ⓒ 이향순 2010

ISBN 978-89-323-1535-5 03400

이 도서의 국립중앙도서관 출판시도서목록(CIP)은
e-CIP 홈페이지(http://www.nl.go.kr/ecip)에서 이용하실 수 있습니다.
(CIP제어번호 : CIP2010000621)

과학교과서에 꼭 나오는

별을 따라간
사람들

| 이향순 지음 |

현암사

[머리말]

귀에 쏙쏙 들어오는
재미있는 과학책은 없을까

자라나는 우리 아이들에게 과학의 꿈을 심어 주는 길은 없을까요? 자녀를 둔 모든 부모의 공통 화두라고 해도 지나친 말은 아니지요?

요즘 초·중등학교에선 과학영재교육이다, 과학선도학교라고 해서 여느 때보다 과학에 대하여 관심이 많습니다.

가정에서도 엄마 아빠들은 우리 아이들이 미래의 길잡이가 될 과학을 가까이하기를 희망합니다. 그러나 재미있고 쉬운 과학 공부법을 찾기란 쉬운 일이 아닙니다.

과학을 공부하는 길은 여러 갈래가 있습니다. 자연을 관찰하거나, 각종 과학 실험을 해 보거나, 과학 서적을 통해 과학자의 생애와 업적을 엿보고 과학을 답습할 수도 있습니다.

『별을 따라간 사람들』은 당대 최고의 지성인이었던 우주를 개척한 과학자들의 삶을 이야기로 풀어 쓴 것입니다. 진리를 찾아가는 과학자들이 때때로 커다란 실수를 저질러 인류의 역사에 족쇄를 채우기도 했습니다. 지구중심설 옹호론자인 아리스토텔레스는 종교의 보호 아래 2,000년의 암흑기를 주도한 사람이 되어 버렸습니다. 140년경, 프톨레마이오스는 아리스토텔레스의 실수를 정당한 진리로 확정짓는 데 한몫했습니다.

16세기 중엽, 코페르니쿠스 신부가 등장해 왜곡된 진리를 바로잡으려 노력했지만 역부족이었습니다. 갈릴레이와 케플러는 코페르니쿠스의 엉성한 태양중심설을 단단히 무장한 이론과 실험으로 완성시키는 데 앞장 섰습니다.

칠삭둥이 뉴턴은 만유인력을 발견하여 우주 혁명을 완성시켰습니다. 평범한 케임브리지 졸업생이 이러한 대발견을 하리라곤 꿈에도 상상하지 못했던 일입니다. 과학은 사색을 먹고사는 학문인가 봅니다. 지칠 줄 모르는 사색이 가져다준 위대한 선물인 듯합니다.

18세기 이후, 우리의 눈과 귀는 우주 저 너머로 줄달음치고 있었습니다. 교회 성가대 반주자 출신의 오누이 아마추어 천문학자들이 지금까지 알려진 적이 없는 천왕성을 발견하여 세상을 놀라게 하였습니다.

20세기에는 돈 많은 나라에서 개인 천문대가 등장해 우주 개척에 당당히 동참하기도 하였습니다.

『별을 따라간 사람들』은 과학의 발견을 둘러싼 역전의 드라마 같은 이야기들을 독자들에게 들려주고 있습니다. 다양한 자료를 토대로 현장감 있게 전달하려고 하였습니다. 또한 당대 과학자를 직접 만나 이야기를 나눈 가상 인터뷰와 과학자에게 보내는 편지를 통해 과학자의 사상과 업적, 중요한 과학 사건의 사회적 배경과 개인적인 에피소드를 흥미롭게 읽을 수 있도록 하였습니다.

많은 독자들이 이 책에 담긴 과학자의 이야기를 따라가며 과학사의 흐름을 한눈에 살펴보고, 그들의 다양한 삶에 귀를 기울이는 즐거움을 느끼길 바랍니다.

과학책 보급에 남다른 애정을 보이신 현암사 조미현 사장님, 『별을 따라간 사람들』이 독자들의 눈높이에 맞도록 꼼꼼히 편집과 진행해 주신 현암사 편집부에게 고마움을 전합니다.

이향순

[차례]

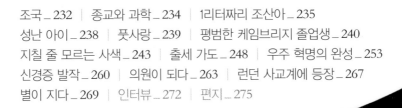

> 66
>
> 우주는 지구를 중심으로 해, 달, 수성, 목성,
> 금성, 토성 그리고 나머지 모든 항성들이 돌고 있다.
> 이러한 모습은 1년 내내 별자리가
> 바뀌지 않는 것을 보면 알 수 있다.
>
> 99

who?

기원전 384~기원전 322

고대 그리스의 자연 철학자로 플라톤의 제자이다.
플라톤이 초감각적인 이데아의 세계를 존중한 데 비해,
아리스토텔레스는 인간에게 가까운, 보고 듣고 느낄 수 있는 자연물을
존중하고 이를 지배하는 원인을 찾는 현실주의적인 입장을 취하였다.

아리스토텔레스 Aristoteles

'신들의 세계' 우주를
인간의 눈으로 엿보다

청운의 꿈을 안고

기원전 368년, 아테네는 아몬드 꽃이 활짝 피어 봄노래가 한창이었다. 그러나 40여 년 전에 스파르타와 치른 펠로폰네소스 전쟁의 상흔이 아 물지 않은 채 여기저기 남아 있었다. 스파르타의 동맹 국가였던 페르시 아는 아테네를 비롯한 그리스 영토에 노골적으로 간섭하기 시작했다.

영화롭던 시절의 흔적조차 찾아볼 수 없었지만 아테네는 여전히 학문 과 문화의 중심지로서 꿋꿋하게 자리를 지키고 있었다.

철학자는 우주의 근본 원인을 찾는 데 몰두했다. 그들은 물질이란 무

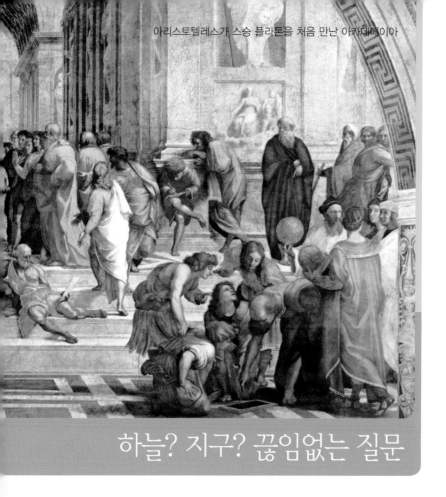

하늘? 지구? 끊임없는 질문

엇이며 왜 그렇게 움직이는지 알아내려 했다. 하늘과 지구가 왜 존재하며 인류의 본성과 중력의 원인은 무엇인지 따지고 또 캐물었다. 그러한 노력들은 성숙한 토론 문화를 정착시켰다.

한때 화려했던 아테네가 깊은 겨울잠에 들어갈 무렵, 남루한 복장의 시골 청년이 부푼 꿈을 안고 아테네에 들어섰다. 그는 그리스 북쪽 변두리의 스타게이로스 출신인 아리스토텔레스였다.

아리스토텔레스는 궁중 의사인 니코마코스의 아들로 태어나 일찍이 부모를 여의고 친척 집에서 자랐다.

아리스토텔레스가 어린 시절을 보낸 스타게이로스는 울창한 나무들로 빽빽이 둘러싸인 홀로몬 산을 지나야 있었다. 아르네아에서도 40리 정도 더 걸어가야 나오는 조용하고 작은 마을이었다.

스타게이로스를 벗어나면 이에리소스 만의 푸른 바다가 물결치고 있었고 가까이에는 로마가 있었다. 욕망으로 불타는 도시 국가 로마는 에트루리아를 정복하고 다시 배를 남쪽으로 돌려 이탈리아 반도 통일의 기틀을 마련하려는 야욕을 불태우고 있었다. 이처럼 로마가 대변혁을 향해 몸부림치고 있을 때 아테네는 화려했던 과거를 뒤로하고 추하게 몰락하고 있었다.

플라톤이 제자들에게 천문학을 지도했던 로마의 아카데메이아

공부벌레

시골뜨기 소년은 아테네에서의 첫날 밤을 뜬눈으로 새웠다. 이튿날 일찍 잠자리에서 일어나 아침을 드는 둥 마는 둥 하고 아카데메이아행 마차에 몸을 실었다.

소년은 스승을 찾아나선 길이었다. 스승은 아테네에서 가까운 거리에 자리 잡은 아카데메이아에 있었다. 아카데메이아로 향하는 길은 인적이 드문 숲 속에 가느다란 오솔길로 이어졌다.

마차에서 내린 아리스토텔레스는 아카데메이아로 가다가 이따금 소년들과 마주쳤다. 그럴 때마다 가벼운 눈인사를 나눴다. 그의 가슴은 뛰기 시작했다.

피곤함을 느낄 무렵 웅성거리는 소리가 귓가에 울렸다. 두 눈은 반사적으로 소리 나는 쪽으로 움직였다. 유난히 하얀 턱수염이 돋보이는 노인이 무언가 진지하게 이야기하고 있었다.

노인 옆에서는 젊은이들이 심각한 표정으로 귀를 기울이는가 하면 뭔가 열심히 받아 적고 있었다.

"자네들은 이 우주를 한마디로 정의할 수 있나?"

노인의 말에 아무런 대꾸가 없

었다. 노인은 측은하다는 듯이 다시 입을 열었다.

"그러면 우주의 본질을 다루는 자연 철학(여기서 자연 철학이라 함은 과학을 말한다)의 방법론에 대해 얘기해 볼까?"

숨소리조차 들리지 않았다. 이때 초라한 소년이 노인에게 다가갔다.

"잘은 모르지만 제가 아는 대로 얘기해도 좋을까요?"

노인이 지금까지 본 적이 없는 학생이었다. 그는 아리스토텔레스를 뚫어지게 바라보았다.

"자연 철학은 이 우주를 관찰하는 학문이며, 직관을 통해 그 '진리'를 찾아내는 길밖에 없다고 생각합니다."

대답은 간단명료했다. 모든 눈길이 시골뜨기 소년에게 쏟아졌다.

당대 최고의 석학이었던 플라톤과 아리스토텔레스의 첫 만남은 이렇게 이뤄졌다.

플라톤은 아리스토텔레스가 무척이나 기특했다. 당돌한 시골뜨기는 플라톤의 손에 반강제로 이끌려 아카데메이아로 직행했다. 그는 정문의 현판에 쓰인 글귀를 더듬거리며 읽다가 기가 죽었다.

'기하학을 모르는 자는 이 문 안으로 들어오지 말라.'

아테네에서는 인간이 상상한 우주의 기하학적 구조를 이해하기 위해 수학을 이용하는 학풍이 유행하고 있었다.

플라톤은 자신이 세운 아카데메이아에서 우주론을 비롯해 기하학, 물리학, 철학, 정치학 등 여러 학문을 가르치고 있었다.

그는 우주의 생성과 구조는 물론 공기의 무게론, 소리의 진동 원인설, 전기 현상, 지구의 자전축 등에 대한 이론을 가르쳤다. 지구가 축을 따라 회전한다는 사실을 강의할 때는 더욱더 열변을 토했다.

플라톤은 특히 그리스의 일곱 현인 가운데 한 사람인 탈레스를 매우 존경했다. 그래서 수업 시간에 탈레스에 얽힌 일화를 학생들에게 소개하곤 했다.

"지금으로부터 300여 년 전에 살았던 탈레스 선생은 그리스가 자랑하는 최초의 자연 철학자요 수학자야. 그분은 매우 훌륭한 인물이지. 탈레스 정도의 열정을 가져야만 학자로서 성공할 수 있어. 제군들은 그가 학문을 대했던 자세를 배워야만 해."

플라톤이 틈만 나면 존경과 찬사를 아끼지 않던 탈레스는 별에 몰두해 하늘만 보고 걷다가 거름 구덩이에 빠진 적도 있었다. 아름다움과 신비로 가득 찬 밤하늘은 탈레스에게는 연구와 경탄의 대상이었다. 밤하늘은 열광적인 그리스인을 유혹했던 것이다.

탈레스는 이미 기원전에 지구가 둥글다는 것과 1년의 길이(365.25일), 일식과 월식의 발생 원인 등을 밝혀낸 위인이었다.

당시 자연 철학자들은 물체의 운동과 빛, 소리 등 자연 철학의 주제들을 실험, 관찰, 측정을 통해 연구하는 것이 아니라 추측하고 명상하고 공상하는 방법으로 해답을 찾아내려 안간힘을 쏟았다.

철학자이자 자연의 연구자인 그리스 철학자들은 자연에 대한 지식은 모두 사고에 의해 얻을 수 있다고 믿었다. 그들이 깊이 생각하여 얻은 자연의 본성은 철학적인 착상에서 비롯되었고 다시 일정한 법칙에 따라 논쟁을 벌여 학문으로 발전시켰다.

그들은 실험을 과소평가했다. 실험은 하찮은 것이며 오랜 과정을 거쳐 사고하는 사람은 실험에 대해 관심을 가질 필요가 없다고 매도했다. 실험이 사실을 잘못된 결과로 이끌 수 있다고 혹평하기도 했다.

플라톤은 아카데메이아 제자들에게는 호랑이 선생님이었다. 어쩌다 공부를 게을리하거나 품행이 단정하지 못한 학생은 여지없이 쫓겨났다.

그러나 아리스토텔레스는 아카데메이아에서 수석을 한 번도 놓친 적이 없을 정도로 학문 연구에 열심이었으며 모범생이었다.

　아리스토텔레스는 플라톤이 수업 중에 가르쳐 준 내용을 다시 한 번 훑어보고 이상하다고 생각이 들면 노트 아래쪽에 기록하는 습관을 길렀다.

　마침 아리스토텔레스가 우주에 기하하적으로 접근하는 방법을 연구하고 있던 때였다. 깊은 밤에 하늘을 쳐다보며 생각에 잠긴 아리스토텔레스의 등 뒤에서 플라톤이 말했다.

　"아리스토텔레스 군, 건강도 돌보며 공부하거라."

　아리스토텔레스는 플라톤이 이제까지 보지 못한 대단한 노력가였다. 공부벌레에게는 채찍 대신 고삐가 필요했다.

지방 출신인 아리스토텔레스는 파르테논 신전 등이 있는 아테네를 사랑했다.

아테네에 빠져들다

아리스토텔레스는 밤하늘의 별부터 지상에 있는 물체에 이르기까지 모든 것에 관심이 많았다. 스타게이로스 출신인 아리스토텔레스의 불타는 학구열은 건강한 신체가 있었기에 가능했다.

아리스토텔레스가 아테네에 온 지 10년째 되는 날이었다. 그는 처음으로 화려한 과거를 지닌 아테네의 유혹에 빠졌다. 이때만 해도 역사 속에 신화가 버젓이 등장하던 시절이었다. 아테네에서 처음 해 본 긴 여행이었다. 여행은 그에게 새로운 세계를 만나게 해 주었다.

하루는 아테네의 수호신을 모신 파르테논 신전을 구경하러 떠났다. 페르시아 전쟁 때 페르시아군의 공격을 받아 처참하게 파괴된 아테네를 복구한 후 아테네의 수호신을 모시고 있는 신전 파르테논. 황금과 상아로 만든 높이 12미터의 파르테논 신전은 힘차고 중후하며 우아한 아름다움을 자랑했다.

아리스토텔레스는 아테네에서 가까운 이웃 도시들도 방문했다. 아리스토텔레스의 발길은 제우스의 호각 소리가 요란스러운 올림피아로 향했다. 완만한 구릉에 둘러싸인 알페이오스 강가의 올림피아에는 화려하고 웅장한 제우스 신전이 자리 잡고 있었다. 황금 상아로 치장한 제우스는 하늘나라는 물론 인간 세계까지 지배하는 신 중의 신임을 확인할 수 있었다.

아리스토텔레스가 올림피아에 도착했을 때는 그리스 각 도시에서 자기 고장의 명예를 걸고 올림피아드 제전에 참가하기 위해 몰려든 청년들로 몹시 붐볐다.

제우스 신전에 있는 오이노마오스(왼쪽)

올림피아드 제전이 열리는 기간에는 '신성한 휴전' 협정을 맺어 지중해의 세계끼리는 전쟁을 멈추었다. 도시들끼리 치열한 전투를 치르다가도 이때만은 휴전하고 적국의 선수가 통과하도록 허락해 주었다.

이 올림피아드 제전은 먼 옛날 전설 같은 이야기에서 시작됐다.

아주 오랜 옛날, 피사의 왕 오이노마오스에게 아름다운 딸 히포다메이아가 있었다. 히포다메이아 공주의 미모에 반한 피사의 총각들은 누구든 그녀를 아내로 삼고 싶어 했다. 그러나 오이노마오스 왕은 구혼자가 나타날 때마다 자신과 전차 경주를 해서 이긴 자에게 공주를 주겠노라고 선언했다. 그리고 진 사람은 목숨을 내놓아야 했다. 히포다메이아

공주에게 청혼한 청년 열세 명이 오이노마오스 왕과 대결해 모두 패하고 죽었다. 오이노마오스 왕은 아버지인 군신 아레스가 내려 준 무적의 전차를 비밀 병기로 사용했기 때문에 어떤 청년도 그를 이길 수 없었다.

피사의 궁전에서는 오이노마오스 왕의 승리를 축하하는 연회가 벌어지고 있었다. 이때 한 청년이 오이노마오스 왕 앞에 나아갔다. 그는 리디아 왕국의 펠롭스 왕자였다.

"전하, 히포다메이아 공주를 제 아내로 맞이하고 싶습니다."

"그래? 내 딸 히포다메이아 공주의 남편감은 내 손으로 골라야 하는데."

"네, 알고 있습니다."

두 사람은 이튿날 전차 경주를 하기로 약속하고 헤어졌다. 펠롭스는 경주를 앞두고 궁전에서 빠져나와 해변가에서 무릎을 꿇고 바다의 신 포세이돈에게 기도했다.

그때 바다 한가운데에서 해일이 일어났다. 석양을 등지고 일어난 해일은 불기둥처럼 보였다. 순간 날개 달린 포세이돈이 펠롭스 앞에 나타

났다. 그는 황금 전차와 명마를 그에게 선물로 주고 사라졌다.

이튿날 펠롭스는 포세이돈이 하사한 황금 전차와 명마를 이끌고 경기장으로 달려갔다. 오이노마오스 왕과 펠롭스 왕자의 전차 경주가 열리는 원형 경기장은 초만원을 이루었다.

손에 땀을 쥐는 숨막히는 순간이었다. 오이노마오스 왕의 전차가 처음에는 상당히 앞서는가 싶었는데 차츰 펠롭스가 간격을 좁혔다. 마지막 골인 지점에서는 신만이 그들의 순위를 가릴 수 있었다.

경기장의 관중들은 승리자가 가려지기를 기다리며 숨을 죽이고 있었다. 세 명의 심판관이 승자를 결정짓기 위해 모였다. 오이노마오스 왕이 걸어 나와 젊은 펠롭스 왕자의 손을 번쩍 들어 올렸다.

관중들이 환호했다. 펠롭스는 히포다메이아 공주의 손을 붙잡았다. 펠롭스는 아름다운 공주를 아내로 맞이하고 리디아로 돌아가 펠롭스 왕국을 세우고 행복하게 살았다. 그 뒤 펠롭스 왕의 승리를 기념하기 위해 4년마다 올림피아드 제전을 치렀다.

올림피아에서 펠롭스 왕의 무용담을 회상하며, 아리스토텔레스는 은근히 그가 부럽기까지 했다.

▌청춘을 불태우며

주변 국가의 침략에 견디다 못해 몰락해 가던 아테네였지만 그래도 세계 자연 철학 문화의 중심지로서 체통을 지키고 있었다. 특히 자연 철학에 열정을 품은 부유층 자녀들이 아테네로 몰려들었다. 그러나 그리스 자연 철학은 기본 법칙을 아직 갖추지 못한 경험 자연 철학의 수준이었다.

아리스토텔레스도 이들 틈에 끼어 향학열을 불태우고 있었다. 그는 몹시 부지런할 뿐 아니라 예리한 관찰력을 가진 학생이었다. 어린 그에게 근면함과 관찰력을 길러 준 사람은 아버지 니코마코스였다.

아리스토텔레스는 고집이 세고 정직한 소년이었다. 아카데메이아에서도 고집을 좀처럼 꺾지 않았다. 그는 때때로 난처한 질문을 퍼부어 스승 플라톤을 곤경에 빠뜨리곤 했다. 플라톤과 심한 말다툼을 벌이기도 했다. 그러나 그의 마음은 플라톤에 대한 존경심으로 가득했다.

자연 관찰이 습관처럼 몸에 밴 아리스토텔레스는 아카데메이아에 와서도 자연의 법칙을 파악하기 위해 수업이 없는 날에는 산과 들을 걸으며 생각에 잠겼다.

특히 신비한 우주는 예비 자연 철학도에게 심오한 관찰 대상이었다. 아리스토텔레스는 플라톤에게 배운 대로 우주를 기하학적인 구조로 조명하기 위해 궁리했다.

아카데메이아가 자랑하는 이 최고의 생도는 사교성도 뛰어났다. 친구들은 그와 가까이하려 했다.

그의 단짝 친구로 아타르네우스의 군주 헤르미아스도 있었다. 나중에 아리스토텔레스에게 여동생까지 소개시켜 인연을 맺게 되는 헤르미아스는 그의 야망을 잘 알고 있었다.

"공부를 마치는 대로 아타르네우스로 돌아갈 생각이야. 가는 즉시 자네를 꼭 초대하겠네."

"고맙네. 할 수만 있다면 많은 도시를 여행하고 경험을 쌓고 싶네. 그리고 지구상에 있는 동물과 식물의 종류를 분류해 볼 생각이라네. 꼭 초대해 주길 바라고 있겠네."

아리스토텔레스가 진리를 탐구하려는 젊은이들의 집결지인 아카데메이아에 온 지 꼬박 20년이 되던 아침이었다. 그는 플라톤의 부름을 받고 달려갔다. 그동안 기력이 쇠잔해진 스승에게 불길한 일이 일어날 것만 같은 예감이 그의 머릿속을 가득 채우고 있었다.

아리스토텔레스가 어두운 방에 들어섰을 때 방 안의 공기는 무거웠다. 침대에 누워 있던 플라톤이 뼈만 앙상하게 남은 하얀 손을 내밀어 그에게 가까이 다가오라고 손짓했다.

"똑바로 듣거라. 진리란 추상적이야. 추상적인 진리의 최고 선은 우주의 원리이다. 너는 지금부터 우주의 질서를 정립하는 데 최선을 다해야 한다."

방 안은 조용했다. 아리스토텔레스는 백지장처럼 하얀 스승의 손을 잡으며 다짐했다. 그의 목소리는 몹시 떨렸다.

"선생님, 최선을 다하겠습니다."

"아직도 풀어야 할 숙제가 태산 같은데 이제 너와 작별할 시간이 된 것 같구나. 내가 없더라도 아카데메이아를 잘 꾸려 가거라."

플라톤은 아리스토텔레스의 손을 꼭 잡고 마지막 숨을 몰아쉬었다. 플라톤의 얼굴에는 미소가 가득 번졌다.

아리스토텔레스는 플라톤의 차가운 가슴에 얼굴을 묻고 흐느꼈다. 아카데메이아에 처음 발을 들여놓은 날부터 지금까지 스승의 곁을 떠나 본 적이 없었다.

플라톤은 스승 소크라테스의 죽음 이후에 여러 나라를 방문하며 학문을 연구했다.

그는 스승 플라톤의 파란만장한 일생을 회고했다.

아카데메이아를 설립하여 수많은 인재를 배출한 플라톤은 소크라테스의 제자로, 젊었을 때는 항상 생각에 잠겨 있었다. 그는 공상적이었고 신경질적인 반응을 보일 때도 많았다. 웃는 모습은 보기 드물었고, 우월감으로 우쭐대기도 했다.

플라톤은 그의 스승 소크라테스가 독약을 마시고 죽은 것을 본 뒤 아테네에서 메가라로 피신해, 감옥에 있던 스승이 들려준 이야기를 기록하려고 애썼다. 그 뒤 여러 도시와 국가를 떠돌며 여러 학자를 만나고 국가 제도, 민족 생활 등을 연구하는 일을 한시도 게을리하지 않았다.

시칠리아 섬의 시라쿠사로 간 플라톤은 전제 군주 디오니시오스에게 권력과 학문이 철학자에게 속하는 국가를 세워야 한다고 조언하다가 노예로 팔려 가는 날벼락을 맞기도 했다. 귀족 출신으로 노예 제도의 수

호자였던 플라톤은 친구들이 비싼 몸값을 치러 주어 겨우 자유의 몸이 될 수 있었다.

구사일생으로 살아난 플라톤은 아테네로 돌아와 아카데메이아의 조용한 숲에서 이상적인 정치를 꿈꾸고 있었다. 디오니시오스의 악령을 떨쳐 버리지 못한 플라톤은 또다시 시라쿠사를 찾았다. 늙은 폭군은 죽고 그 아들 디오니시오스 2세가 정권을 잡고 있었다. 플라톤은 디오니시오스 2세에게 이상 국가 건설을 다시 한 번 권했다. 이번에도 감옥에

가게 된 사실을 미리 안 친구들이 그를 구해 주었다.

　이상 국가 건설을 끈질기게 주장한 플라톤은 아테네와 시라쿠사, 아카데메이아와 폭군의 궁전 사이를 줄 타는 곡예사처럼 오락가락하다가 일생을 마쳤다.

　또한 플라톤은 괴짜였다. 데모크리토스를 평생 미워한 플라톤은 꼴도 보기 싫다며 그가 쓴 책이란 책은 모두 사 한꺼번에 불태워 버렸다. 뿐만 아니라 언쟁할 때도 일부러 데모크리토스의 이름을 입에 올리지 않을 정도로 냉혹했다. 데모크리토스의 이름을 조금도 빛내 줄 수 없다고 생각했기 때문이다.

　플라톤이 세상을 뜨고 난 뒤 아리스토텔레스는 아카데메이아의 첫 번째 계승자가 되어 학교를 꾸려 갔다. 그러나 한편으로는 스승이 없는 아카데메이아를 떠나고 싶은 마음이 간절했다.

　마침내 약속의 시간이 왔다. 동창생인 헤르미아스가 초청한 것이었다. 진보의 기운이 엿보이지 않는 아테네의 공기는 아리스토텔레스를 숨막히게 만들었다. 그는 즉시 짐을 꾸려 아타르네우스로 떠났다.

　아타르네우스에는 헤르미아스 말고도 아카데메이아의 동창생들이 아리스토텔레스를 기다리고 있었다.

　아타르네우스에서의 날들은 그동안 마음껏 자유를 누리지 못했던 아리스토텔레스에게 귀중한 시간이었다. 아리스토텔레스는 친구들과 함께 토론하며 이름난 명소들을 돌아보기도 했다.

　아타르네우스에 온 아리스토텔레스는 20여 년 동안 머물렀던 아테네로 돌아가고픈 생각이 전혀 없었다.

　이 사실을 안 친구들은 그에게 아타르네우스에 아카데메이아 분교를 세우고 제자 양성에 힘써 보라고 권유했다. 아리스토텔레스는 두말 않고 동의했다.

노총각 신세를 면하다

아타르네우스의 아카데메이아 분교 교장을 맡고 있던 아리스토텔레스는 학생들을 가르치다가 시간이 나면 교외로 나가 밤하늘을 화려하게 수놓은 별을 관측하고 대지를 덮고 있는 나무와 꽃 그리고 동물을 채집하거나 살펴보며 바쁜 나날을 보내고 있었다. 한편 노총각의 가슴에서는 타향살이의 외로움이 자라나고 있었다.

하루는 아침부터 비가 촉촉이 내려 학교에서 일찍 돌아와 책을 읽고 있는데 헤르미아스가 그의 누이동생 피티아스를 데리고 왔다.

"이 친구야, 타향살이가 힘들지 않나? 외로울 때도 있을 텐데 말이야. 내가 자네에게 좋은 선물을 준비했네."

헤르미아스는 그의 옆에 다소곳하게 서 있는 여동생 피티아스를 소개했다. 그녀는 우수에 젖은 검은 눈동자를 지니고 있었다.

간단한 소개를 마친 헤르미아스는 곧바로 두 남녀만 남겨 두고 자리를 떴다. 아리스토텔레스와 피티아스는 달콤한 말을 속삭이며 꽃이 가득히 피어 있는 정원을 거닐었다.

노총각 아리스토텔레스는 피티아스가 가고 나자 난생처음 외로움에 사로잡혔다. 피티아스가 없는 시간은 지루하기만 했다. 아리스토텔레스는 그녀를 만난 지 2개월 만에 구혼하고 결혼에 골인했다. 두 사람은 그다음 해에 귀여운 딸을 얻었다.

밤이 새는 줄도 모르고 연구에 몰두하던 아리스토텔레스에게 가정은 따뜻한 보금자리였다. 노총각 신세를 면한 아리스토텔레스의 귀가 시간은 점점 빨라졌다. 아리스토텔레스는 집에 일찍 돌아오는 날에는 부인과 딸을 데리고 산책하기도 했다.

행복한 세월이 날아가는 화살처럼 지나갔다. 3년이 지난 이날도 일찍

집에 돌아와 저녁 식사를 막 끝냈다. 그때 헤르미아스의 하인이 시퍼렇게 질린 표정으로 달려왔다.

"선생님, 저희 주인 나리께서 페르시아 군인들에게 끌려가셨습니다. 주인님께서는 선생님이 안전한 곳으로 몸을 피해야 한다고 하셨습니다."

아리스토텔레스는 아내와 어린 딸을 데리고 아타르네우스에서 도망쳤다. 아리스토텔레스 가족은 레스보스 섬의 미틸레네로 거처를 옮겼다.

그러나 아리스토텔레스는 레스보스 섬에서의 생활이 영 마음에 들지 않았다. 아리스토텔레스는 가족을 데리고 여기저기 방황하며 생활했다. 그도 이제 불혹을 넘기고도 두 해나 지났다. 아리스토텔레스에게 새로운 인생이 기다리고 있었다. 그가 태어난 스타게이로스의 이웃 나라인 마케도니아의 필리포스 왕에게서 초청장을 받았던 것이다.

아리스토텔레스는 곧바로 가족을 이끌고 마케도니아의 수도 펠라로 갔다. 필리포스는 펠라에 도착한 아리스토텔레스에게 열세 살 된 왕자

알렉산더의 가정 교사로 일할 생각이 없느냐고 물었다. 거처가 마땅치 않은 아리스토텔레스에게는 더없이 좋은 일자리였다. 아리스토텔레스는 그 자리에서 승낙했다.

필리포스는 당대 최고의 석학인 아리스토텔레스에게 지도받는 아들의 학습 태도가 궁금했다. 그는 늦은 밤에 신하를 거느리지 않고 혼자서 알렉산더 왕자가 공부하고 있는 방을 찾았다.

필리포스는 늦은 시간인데도 스승 앞에서 똑바르게 앉아 열심히 공부하고 있는 알렉산더를 지켜본 뒤 깊이 감명받았다. 역시 아리스토텔레스는 천하제일의 스승이었다.

필리포스는 일부러 헛기침을 하고 두 사람에게 휴식을 권하며 말했다.

"나는 당신이 태어난 시대에 아들을 두었다는 것을 신에게 감사하고 싶소. 알렉산더를 이 세상에서 가장 위대한 지도자로 키우는 것이 나의 꿈이오."

알렉산더와의 만남

아리스토텔레스가 알렉산더의 교육을 맡은 지 4년이 지난 어느 늦은 밤이었다. 필리포스 왕이 아리스토텔레스의 숙소를 찾아왔다.

"아리스토텔레스 선생, 내일 해가 밝으면 나는 군대를 거느리고 그리스 중부 도시 국가들을 정복하러 먼 길을 떠난다오."

아리스토텔레스는 전쟁을 좋아하는 군주를 도무지 이해할 수 없었다. 청년기를 보낸 아테네가 머릿속에 떠올랐다. 무자비한 마케도니아 군대의 공격을 받을 아카데메이아의 안부가 걱정되었다. 공격 대장이 필리포스라고 생각하니 갈등은 더욱 커졌다. 그러나 출전의 시간은 다가왔다.

필리포스가 이끄는 마케도니아 군대는 세계 정복의 꿈을 안고 그리스의 심장부인 아테네를 공격했다. 아테네는 부랴부랴 시민군을 소집해 필리포스 군대와 맞섰으나 이렇다 할 반격 한 번 못하고 참패하고 말았다.

아테네의 장군 데모스테네스는 페르시아, 테베 등과 연합군을 결성해 마케도니아 군대에 대항했으나 무참히 짓밟히고 말았다.

아리스토텔레스에게는 제2의 고향이나 다름없는 아테네가 운명 앞에 무릎을 꿇고 말았다.

필리포스는 승리의 깃발을 앞세우고 개선장군이 되어 펠라로 돌아왔다. 그는 펠라로 돌아와 자축연을 베풀었다. 온 나라가 축제 분위기로 들떠 있었다. 원로원 회의도 소집했다.

"지중해의 일부인 그리스 정복으로 만족할 수는 없습니다. 군대가 정비되는 대로 페르시아 정벌에 나설 계획입니다."

페르시아는 강한 군대와 넓은 국토를 가진 막강한 나라였다.

필리포스의 말이 끝나기도 전에 회의장 여기저기에서 웅성거리기 시

아리스토텔레스는 열여섯에 왕위에 오른 알렉산더 대왕의 스승이 되어 그가 올바른 국정을 펼치도록 아끼지 않고 지혜를 베풀었다.

작했다. 회의장 오른쪽 두 번째 줄에 앉아 있던 한 장군이 갑자기 단상으로 뛰어 올라갔다. 그리고 그는 왼쪽 옆구리에 찬 칼을 빼어 필리포스를 힘껏 내리쳤다. 순간 회의장은 아수라장이 되었다. 그 장군은 필리포스의 호위병들에게 그 자리에서 체포되었다. 회의장 원탁 밑을 맴돌던 권력 다툼은 유혈 사태를 빚고 말았다.

열여섯 살밖에 안 된 알렉산더는 아버지 필리포스의 급작스러운 죽음을 슬퍼할 틈도 없이 왕위를 계승하고 국사를 결정하는 일에 파묻혀 지내야 했다.

필리포스가 살해된 뒤 어린 왕이 통치하는 마케도니아의 혼란을 틈타 그리스 곳곳에서는 산발적인 반란이 그치지 않았다. 나이는 어리지만 지혜가 뛰어난 알렉산더는 아리스토텔레스의 수제자다운 면모를 보였다. 아무리 강한 반란도 알렉산더의 지혜 앞에는 당할 수가 없었다. 그는 크고 작은 반란들을 모두 평정하고 국가의 위엄을 바로 세웠다.

알렉산더는 국내외 상황이 안정되자 부왕의 뜻을 펴겠다고 결심했다. 먼저 소아시아 페니키아의 해안 각지를 정복했다. 이어서 아프리카 북쪽 해안까지 손에 넣는 데 성공했다.

그리고 페르시아 본토로 쳐들어가 아르벨라 대전을 치렀는데 이 대전에서 페르시아 왕 다리우스 3세를 무찌르고 페르시아 제국을 멸망시켰다. 다리우스 3세는 알렉산더의 군대에 쫓겨 도망치기에 바빴다. 그는 도주하던 도중에 신하에게 붙잡혀 처참하게 죽고 말았다.

알렉산더 군대는 도시 국가들을 연거푸 공격해 불사르고 귀중한 보물들을 모두 거둬들였다. 또 중앙아시아로 눈을 돌려 박트리아와 소그디아나를 정벌하고 인도의 서북부까지 침략했다.

알렉산더는 갠지스 강까지 쳐들어갈 생각이었다. 그러나 아버지의 사건도 있고 해서 부하들에게 조심스럽게 의사를 물었다. 계속 전쟁터에서 생활하던 장군들은 아내와 자식이 기다리고 있는 고향으로 돌아가고픈 생각뿐이었다.

알렉산더는 대군을 이끌고 바빌론으로 돌아왔다. 때는 기원전 323년으로, 서쪽으로는 마케도니아, 동쪽으로는 인더스 강, 남쪽으로는 이집트에 이르는 광대한 알렉산더 제국을 이루었다. 수도는 알렉산드리아로 정했는데 이곳은 지중해와 오리엔트 문명의 새로운 요충 지대가 되었다.

알렉산더는 자신의 칭호를 왕에서 대왕으로 바꿨다. 국고는 침략국으로부터 거둬들인 세금으로 항상 넘쳐흘렀다. 그러나 그는 귀족은 물론 국민에게도 사치스러운 생활을 금지시켰다. 알렉산더는 대왕 즉위식에서 세계 시민주의(코스모폴리타니즘)를 선포했다.

"모든 사람은 세계를 자신의 모국처럼 생각하라. 선한 사람은 부모와 같이 대하고 악한 사람은 짐승과 같이 취급해도 좋다. 그리고 마케도니아 출신 병사와 아시아 출신 병사를 똑같이 대우하겠다."

알렉산드리아에서는 범세계적인 행사가 매일 열리다시피 했다. 알렉산더 대왕은 세계는 하나라는 이념을 널리 알리기 위해 국제 합동 결혼식을 성대하게 치르도록 명했다. 페르시아의 수도인 수사에서는 그리스 인 신랑과 페르시아 인 신부 수천 쌍이 합동 결혼식을 올렸다.

그리운 고향으로

알렉산더 대왕이 국정을 잘 이끌어 가자 아리스토텔레스는 제자인 대왕을 찾아갔다.

"전하, 매일 밤 꿈속에서 고향의 산천이 떠오릅니다. 이제 고향으로 돌아갈 시간이 되었나 봅니다."

그는 8년간의 마케도니아 생활을 청산하고 고향으로 돌아갔다. 그의 나이 49세였다. 그는 친구들의 안부가 궁금했다. 아리스토텔레스는 마케도니아에서 호의호식한 것이 아테네의 친구들에게 미안할 뿐이었다.

아리스토텔레스는 오랜 외국 생활을 마치고 아테네로 발길을 돌렸다. 마케도니아의 속국이 되면서 화려했던 모습은 역사의 뒤안길로 사라지고 쇠퇴했다. 아리스토텔레스는 청춘을 바친 아카데메이아에 방문했다. 10여 년 만에 돌아온 아카데메이아는 그에게 매우 낯설었다. 교사는 허름했고 플라톤과 함께 거닐던 정원에 우거진 잡초만이 세월의 덧없음을 말해 주고 있었다. 다시 아카데메이아의 교사가 되는 것이 내키지 않았다. 그래서 그는 새로운 학교를 세우기로 결심했다.

아리스토텔레스는 리케이오스 공원을 거닐며 가르치는 특이한 교육 방법으로 유명했다.

아테네의 남쪽 변두리 리카베투스 산 근처의 아폴론 리케이오스 공원 안에 리케이온 학교를 세웠다.

교실이 따로 없는 리케이온의 교육 방법은 특이했다. 아리스토텔레스는 학생들과 함께 리케이오스 공원을 이리저리 거닐며 주제에 대해 이야기했다. 학생들이 왔다 갔다 하는 아리스토텔레스의 뒤를 쫓아 한 마디도 놓치지 않으려 애쓰는 광경을 지켜보고 있던 구경꾼들에게 리케이온의 수업 방식은 우스꽝스러워 보였다. 그래서 구경꾼들은 아리스토텔레스의 제자들에게 '페리파테티코이(소요 학파의 사람들)'라는 별명을 붙였다.

리케이온은 아테네는 물론 지중해 일대에선 일류 학교로 급부상했고 귀족 출신 자녀들의 학습장으로 유명해졌다. 그 당시 리케이온 학파는 최고의 지성을 상징했다. 리케이온의 수업은 일류다운 교과목으로 짜여 있었다. 아카데메이아는 정치학, 철학, 수학을 강조하고 있는 데 비해 리케이온에서는 천문학, 생물학 등 자연 철학에 시간을 많이 배당했다.

아리스토텔레스는 아테네로 돌아와서도 알렉산더 대왕에게 계속 재정적 후원을 받았다. 알렉산더 대왕은 자신의 은사인 아리스토텔레스가 아무런 부담 없이 학자의 길을 걸을 수 있도록 배려를 아끼지 않았다. 하루는 알렉산더가 학사원 비서를 불러 지시했다.

"아리스토텔레스 선생님이 연구하는 데 필요한 재원은 조금도 아끼지 말고 지원해 드려라. 궁전에 소속된 노예는 언제든지 활용할 수 있도록 조처하고."

알렉산더는 아리스토텔레스의 학문을 존경했다. 알렉산더는 스승에게 거금 800달란트(1달란트는 25.5kg)를 기부하고 박제용 동식물을 채집하는 데 필요한 인력을 동원할 수 있도록 명령권을 주었다. 800달란트는 짐수레 열 대로도 옮길 수 없을 만큼 큰돈이었다.

아리스토텔레스는 동물과 식물을 채집하는 데 1,000여 명의 노예를 동원했다. 이들의 신분은 사냥꾼, 어부, 정원사 등 다양했다.

아리스토텔레스는 알렉산더 대왕의 지원을 받아 자연 철학을 시대별로 체계적으로 관찰할 수 있도록 자연사 박물관을 세웠으며, 각종 동식물의 표본을 수집했다. 천문학, 수학 그리고 의학 등 모든 학문의 기틀을 마련하는 계획을 세워 자연 철학의 백과전서를 편찬하려 했다. 아리스토텔레스가 생전에 집필한 책은 1,000종에 달했다.

이 무렵 알렉산드리아 궁전에 있는 알렉산더 대왕은 동서양의 문화를 하나로 묶어 세계적인 문명을 만들겠다는 꿈을 꾸고 있었다. 이 전쟁의 영웅은 학문, 예술, 종교 등에도 조예가 깊었다. 그래서 그는 정복지에 그리스의 학자, 문인, 예술가, 상인을 비롯하여 각계각층의 인사를 이주시켰고, 언어, 학습, 습관 등 그리스의 생활양식과 문화를 누릴 수 있도록 했다. 또한 종교를 하나로 통일하려 노력했다.

두 거인은 거대한 지중해와 학문의 세계를 통일한 주인공이 되었다. 알렉산더는 지중해 세계를 정복하였고, 아리스토텔레스는 고대와 중세의 학문을 지배하는 맹주의 자리를 굳히고 있었다.

미완의 걸작품

리케이오스 공원 한쪽 귀퉁이에 있는 원형 탁자 위에 얌전히 놓인 찻잔에서는 아몬드 차 향기가 뭉게뭉게 피어 오르고 있었다. 리케이온 생도들은 아리스토텔레스가 등장하기 전에 자리를 잡고 조용히 앉아 있었다. 자연 철학 시간이었다.

자연 철학은 아리스토텔레스가 개설한 학과목 가운데 가장 인기가 높았다. 따라서 수업 시간에 우주의 본질을 연구하는 데 많은 시간을 할애했다. 이 시간만 되면 학생들은 정신을 바짝 차려야 했다. 선생이 언제, 어떤 질문을 던질지 모르기 때문이다.

"플라톤 선생은 생전에 이 우주는 신성하고 고귀한 존재로 완전한 원운동을 한다는 피타고라스 학파의 주장을 그대로 받아들이셨다. 또한 태양, 달, 행성들이 무작정 '떠돌아 다니는 별'이 아니라 모두 일정한 길로 움직이고 있으며 그 길이 다양해 보이는 것은 겉모습일 뿐이라고 강조하셨는데 뭔가 미심쩍은 부분이 있다는 생각이 들지 않는가?"

플라톤의 우주관을 들은 대로 옮긴 아리스토텔레스는 무언가 부족하지 않느냐는 표정을 지었다.

그러고 나서 관찰의 대가답게 아리스토텔레스는 달의 위상 변화에 대

아리스토텔레스의 『논리학』

하여 알기 쉽고 정확하게 설명했다. 일식과 월식을 완벽하게 이해하고 있었다. 그는 나중에 『천구에 대하여』란 책을 펴내 자신의 우주관을 확실히 드러냈다. 그리고 지구의 모양과 운동에 대해서도 두 가지 사실을 통해 설명했다.

아리스토텔레스는 월식 때 촛불과 벽 사이에 놓인 사과처럼 지구는 달 표면에 둥근 그림자를 드리운다는 것과 배의 진로를 북쪽으로 향하면 북극성이 수평선 위로 올라가고 남쪽으로 가면 내려간다는 두 사실을 근거로 지구가 둥글다는 것을 꿰뚫어 보았다.

리케이온의 천문학 시간은 휴식도 없이 계속됐다. 그는 제자 테오프라스토스를 불러 준비해 둔 그림을 가져오라고 지시했다. 아리스토텔레스는 지휘봉으로 종이 위의 그림들을 짚어 나갔다.

"이 우주는 지구를 중심으로 해, 달, 수성, 목성, 금성, 토성 그리고 나머지 모든 항성들이 돌고 있다. 이는 1년 내내 별자리가 바뀌지 않는 것을 보면 알 수 있다."

그는 1년 내내 별자리가 바뀌지 않는다는 생각 아래 태양이 지구의 주위를 돌고 있다고 주장했다. 아리스토텔레스는 여기서 지울 수 없는 큰 실수를 저지르고 말았다. 미완의 걸작품을 쏟아낸 것이다.

인간의 눈이 유일한 관찰 도구였던 시대에 아리스토텔레스는 별이 얼마나 먼 곳에 있는 존재인지 알아차리지 못했다. 그는 별이 너무 멀리 있기 때문에 계절에 따라 별자리 위치가 바뀐다는 사실을 미처 깨닫지 못했다. 이것이 긴 세월 동안 피비린내 나는 단죄의 근거가 될 줄은 꿈에도 생각하지 못했다. 오류의 모태에서 잉태된 이 이론이 많은 반대파를 사형대로 내몰거나 입에 재갈을 물리게 할 줄은 상상도 하지 못한 것이다.

그의 계승자들은 2,000년 넘게 아리스토텔레스의 지구중심설을 아무 의심도 하지 않고 진리라고 굳게 믿었다.

이 실패작은 중세 암흑기를 지날 때까지 기독교 교리 다음으로 찬양되었다. 어처구니없는 실수였다.

하루아침에 반역자로

그는 경험론적인 연구를 광범하게 시도한 최초의 자연 철학자로 그리스 과학사에 일대 전환을 가져온 거인이다.

아테네로 돌아온 아리스토텔레스는 알렉산더 대왕의 전폭적인 지지를 받아 재정 지원금을 비롯하여 자신의 사재까지 몽땅 털어 경험론적 자연 철학 연구에 온 정열을 바쳤다.

아리스토텔레스는 제자들이 보는 가운데 세상을 떠났다.

아리스토텔레스는 책을 몹시 소중하게 여겼다. 그는 나와 있는 책들을 사 모으느라 정신이 없었다. 책이라면 무조건 사들였다. 그리고 책값에 인색하지 않았다. 한 권에 3달란트를 지불하기도 했다. 파는 사람이 요구하는 대로 한 푼도 깎지 않고 다 내주었다.

아테네의 반대파들은 귀족 자연 철학자로 군림하는 아리스토텔레스를 항상 못마땅해했다. 스타게이로스 출신 촌뜨기 주제에 알렉산더 대왕의 총애를 받아 학문 세계의 맹주가 됐다는 것이 질투를 불러일으켰다.

기원전 323년 알렉산더 대왕이 동방 원정에 나가 급사했다는 소문이 알렉산드리아에 퍼졌다. 평소 아리스토텔레스를 못마땅하게 여기던 반대파는 아테네를 지배하던 마케도니아의 군주가 죽자 그를 모함하려는 움직임을 보였다. 하루아침에 아리스토텔레스는 아테네 최고의 지성에서 반역자로 추락했다. 권력은 무상했다.

아테네에 어둠이 깔리고 있을 무렵 아리스토텔레스는 가족을 걱정하고 있었다. 결단을 내려야 했다. 그는 가족들에게 떠날 채비를 서두르라고 지시했다.

"나는 아테네 인들이 자연 철학을 모독할 기회를 다시는 주지 않을 것이다. 소크라테스를 사형시킨 것으로 아테네 인들의 자연 철학 사냥은 끝나야 한다. 그렇지 않으면 자연 철학이 존재하는 세상을 이룩하지 못할 것이다."

아리스토텔레스는 아테네를 저주했다. 그리고 재빨리 아테네를 빠져나갔다. 분노에 찬 반대파들은 아리스토텔레스의 집으로 몰려갔고, 그의 일가가 모두 피신한 것을 보고 부르르 떨었다. 아리스토텔레스가 미리 피한 것은 천만다행이었다.

아테네는 아리스토텔레스를 신 모독죄로 처단하려 했다. 그러나 실상은 그렇지 않았다. 아리스토텔레스가 아테네를 정복한 마케도니아의 알렉산더 대왕과 깊은 인연을 맺은 대가였다.

아테네 고등 법원은 아리스토텔레스가 참석하지 않은 궐석 재판에서 그에게 사형을 선고했다.

망명자는 노구를 이끌고 먼 곳으로 갈 수 없었다. 그의 나이도 예순두 살이었다. 그의 가족이 몸을 피한 곳은 테살로니키의 북쪽에 있는 칼키스였다.

칼키스 망명 생활 1년 만에 아리스토텔레스는 위에 심한 통증을 느꼈다. 곧바로 병상에 누운 그는 영영 일어날 수 없었다.

아리스토텔레스는 임종이 다가왔음을 알아차리고 제자들과 그의 의 형제 니카노로스를 불렀다. 유언은 간단했다. 지친 그의 눈빛은 편히 쉬고 싶다고 말하고 있었다.

"내 부모님의 집을 잘 보살펴 주길 바라네."

그리고 한참 뒤 말을 이었다.

"나보다 먼저 세상을 떠난 나의 첫째 아내 피티아스를 나의 무덤에 함께 묻어 주길 바라네. 이는 그녀가 나와 사별할 때 남긴 유언이라네."

아리스토텔레스는 두 번 결혼했다. 아테네에 돌아온 지 얼마 안 돼 첫째 부인 피티아스를 잃고 몹시 상심하기도 했다. 아리스토텔레스는 쉰 살이 넘어 헤르필리스를 두 번째 아내로 맞이하고 아들 니코마코스 2세를 낳았다.

'고대 자연 철학의 조상'인 아리스토텔레스는 조용히 운명했다. 그의 머리는 고대 지식 세계의 백과사전이었으며, 많은 사람들이 그를 참고하는 것이 자연 철학을 해결하는 방법과 그 원인을 발견할 수 있는 최선의 길이며 가장 확실한 진리라고 믿었다.

후계자 테오프라스토스

수많은 동서고금의 책들을 훑어볼 수 있었던 아리스토텔레스의 이상은 몹시 높고 넓을 수밖에 없었다.

그는 어느 날 동물을 여러 가지로 비교해서 살펴보다가 계단처럼 늘어놓을 수 있다는 사실을 깨닫게 되었다.

아리스토텔레스는 천문학과 역학 등에서 돌이킬 수 없을 만큼 큰 실수를 저질렀지만 생물학에서는 획기적인 업적을 남겼다.

48종의 동물을 해부하고, 약 540종의 동물을 형태에 따라 포유류, 파충류, 조류, 양서류, 어류, 갑각류, 절족동물, 연체동물 등으로 분류했

플라톤에서 아리
스토텔레스 그리고 테
오프라스토스로 이어졌다.

으며, 인간의 팔과 새의 날개, 물고기의 지느러미가 같은 계통의 기관
이라는 것을 밝혀 냈다. 생물학의 발전에 커다란 영향을 미친 분류 체
계를 만든 것이다.

위대한 자연 철학자의 저술과 장서 등 유품은 모두 그의 수제자인 테
오프라스토스의 손에 들어갔다.

테오프라스토스는 아리스토텔레스가 레스보스 섬 미틸레네에 잠깐
동안 머물고 있을 때 그를 찾아가 문하생이 되었다. 아리스토텔레스가
아테네로 돌아갈 때 동행한 테오프라스토스는 스승 밑에서 열심히 공부
하고 연구했다. 그는 아리스토텔레스를 그림자처럼 따라다니며 스승을

닦으려 노력했다.

리케이온을 인계받은 테오프라스토스는 스승이 못다 이룬 생물학에 관한 연구를 계속해 식물의 종을 기술하고 분류했다.

테오프라스토스의 뒤를 이어 스트라톤이 기원전 287년부터 기원전 267년까지 20여 년 동안 리케이온의 총수 자리를 지켰다. 스트라톤은 관찰에서 한걸음 더 나아가 실험까지 손을 뻗쳤다.

스트라톤 이후 아테네의 리케이온에서는 더 이상 자연 철학적인 발전을 기대할 수 없었다. 그리스 최고의 상아탑은 더 이상 자연 철학의 중심지 역할을 수행해 내지 못했다.

이와는 대조적으로 알렉산드리아에서는 자연 철학 활동이 활발하게 이루어지고 있었다. 에피쿠로스는 달이 지구와 마찬가지로 신이 아니라고 주장하며 우주의 미신 퇴치 운동에 앞장섰다. 또한 알렉산드리아에는 천문학계의 혜성이 등장했다. 그의 이름은 아리스타르코스였다. 매우 독창적인 자연 철학 가설을 세운 아리스타르코스는 태양 중심의 우주 이론을 처음으로 제창했다. 스트라톤 밑에서 물리 철학을 공부한 그는 당대 일류 천문학자이자 수학자였다.

사모스 섬 출신인 아리스타르코스는 『태양과 달의 크기와 거리』를 집필하고 태양과 달까지의 상대적인 거리를 정확하게 측정하려고 온갖 노력을 기울였다.

과학은 역사의 물결 속에서 한순간도 쉬지 않고 달리는 릴레이이다.
아리스토텔레스는 인류 역사상 최초로 테오프라스토스에게 체계적인 고대 자연 철학을 가르쳤고, 테오프라스토스는 스트라톤을, 스트라톤은 아리스타르코스를 지도했다. 아리스타르코스는 히파르코스를, 프톨레마이오스를, 코페르니쿠스를, 브라헤를, 케플러를, 갈릴레이를, 뉴턴을, 핼리를, 허셜을, 라플라스를, 로웰을 배출했다. 그리고 아인슈타인을 낳았다. 또한 아인슈타인은…….
자연 철학은 역전의 드라마를 연출하며 발전해 나갔다.

아리스토텔레스
인터뷰

아리스토텔레스는 지구와 우주가 모두 둥근 구형이라고 주장했다. 또한 천체의 움직임에 대하여 지구 중심 생각을 펼쳤는데, 대표작인 『천구에 대하여』에서 그의 우주관을 총망라해 놓았다.

특히 그는 천체 운동을 설명하기 위해 에우독소스의 27개 구면보다 22개의 구면을 더 추가하였는데, 마지막에는 이것마저 버리고 지구중심설을 완성하려고 노력했다.

아리스토텔레스는 혜성은 천체로 꼽지 않고 지구 대기 중의 산물이라고 주장했다. 또한 이 세상이 끊임없는 변화의 과정을 거치고 있음을 보여 준 『기상학』(전 4권)에서 혜성과 유성의 출현, 구름의 모양과 높이, 이슬, 얼음, 눈의 형성, 바람과 뇌우의 발생 등에 대하여 기록했다. 무지개와 태양의 높이 등에 대해서도 설명했다.

이 책의 끝에서는 4원소에 대해서 설명하였다. 그는 "이 세상에는 흙, 물, 공기, 불의 네 가지 원소밖에 없으며, 지구의 모든 물질이 이들이 혼합하여 생긴다"고 주장했다.

미개한 스타게이로스 출신이지만, 남달리 뛰어난 머리를 지닌 그는 물리학·기상학·생물학·심리학에 이르는 많은 분야에서 위대한 업적을 남겼다.

그러나 아리스토텔레스는 자연 철학을 소수 엘리트만의 전유물로 제한하였을 뿐만 아니라, 고대 자연 철학의 탄생지인 이오니아의 실험 중심적인 방법론에 대해 혐오감을 심어 주었다는 혹평을 받기도 한다.

"지구도 우주도 둥글다"

▲ 지구가 구형이라는 생각을 어떻게…….

– 지구가 구형이라는 것은 우리의 다섯 가지 감각만으로 증명할 수 있다. 즉, 월식 때 지구의 그림자를 나타내는 윤곽은 항상 둥글다. 그리고 별이 나타나는 모습을 보면 지구가 둥글다는 것뿐만 아니라 그다지 크지도 않다는 사실을 명백히 알 수 있다. 천공 또한 구형이라야 한다. 구는 우주의 본질을 따질 때 가장 느낌이 좋고, 본래 최초의 모양이기 때문이다.

▲ 지구 중심 생각에 대하여 설명하자면…….

– 해, 달, 수성, 목성, 금성, 토성 그리고 나머지 모든 항성들이 하나의 지구를 중심으로 완전히 원을 그리며 같은 속도로 회전한다고 볼 수 있다. 하늘은 완벽하고 영원해서 완전한 원 모양을 그리면서 움직인다. 그리고 하늘은 그리스어로 '에테르'라는 특별한 물질로 가득 차 있다.

아리스토텔레스는 우주는 완벽한 질서의 공간이며, 우주 안에서 모든 것은 신을 향하여 움직인다고 말했다. 그러나 실험을 무시한 그의 주장이 정확할지는 의문이다.

물리학

그리스어로 물리학은 '자연'을 뜻한다. 기원전 4세기경에 아테네의 자연 철학자 아리스토텔레스가 자연 철학에 관한 책을 쓰고 『물리학』이라고 이름 붙였다. 자연에 대한 아리스토텔레스의 관점은 그 후 2,000여 년 동안이나 유럽의 사상을 지배했다. 아리스토텔레스와 플라톤은 지구상의 모든 운동의 원인과 우주의 본성에 관한 몇 가지 격언들을 가르쳤는데, 관측과 실험을 천하게 취급했다. 계산하는 일도 거의 없었다.

아카데메이아

소크라테스가 처형되었을 때, 열혈 제자 플라톤은 큰 충격을 받았다. 플라톤은 아테네를 떠나 수년 동안 아프리카와 그리스 여러 도시를 방문하면서 피타고라스 사상 등을 접하는 등 견문을 넓히고, 아테네로 돌아와 인생의 후반을 보냈다. 그는 기원전 385년 무렵, 아테네 교외에 최초의 종합 대학을 세웠다. 이 학교 부지가 전설적인 아카데모스의 숲에 위치해 있었으므로 이를 '아카데메이아'라 불렀다. 아카데메이아는 900년 동안 전통을 유지하다가 유스티니우스 황제 때(기원전 529) 폐쇄되었다. 기하학을 좋아한 플라톤은 아카데메이아 입구에 '기하학을 모르는 자는 이 문 안으로 들어오지 말라'는 글을 붙였다. 플라톤은 이곳에서 수학과 정치 철학을 주로 강의했다.

아리스토텔레스 씨에게

아리스토텔레스 씨, 당신이 관찰하고 상상한 것을 바탕으로 모자이크식의 설명을 방대하게 펼쳤는데, 선생의 자연 철학은 정말 놀라울 정도로 오랫동안 확고한 지위를 차지한 걸 아십니까? 그 세월이 무려 2,000년이나 됩니다.

후배 과학자 중 한 사람은 아리스토텔레스의 자연 철학이 2,000년 동안 비 내리는 옥스퍼드나 파리에서 설파되었고 프랑크푸르트 도서 박람회장에서 찬양되었으며 햇살 찬란한 마케도니아, 즉 아리스토텔레스가 그 유명한 제자 알렉산더를 가르쳤던 바로 그곳에서 영광을 누렸다고 꼬집었습니다.

아리스토텔레스 씨, 과학의 원조 '자연 철학'이란 놈이 그리스의 햇빛에 바랜 올리브 숲과 모래 곳에서 처음 생겨났다고 합니다. 2,500년 전 아낙시만드로스(기원전 610~기원전 546), 피타고라스(기원전 582?~기원전 497?), 아낙사고라스(기원전 500?~기원전 428)가 이 땅을 거닐었고, 그들은 바위 표면에서 울리는 샌들 소리 혹은 해변으로 밀려오는 파도 소리로부터 리듬과 운율, 조화와 균형의 영감을 얻었다고 합니다. 바로 그들이 바빌로니아와 이집트 문화로부터 건너온 모호한 지식을 취해서, 정량화하고 해석하며 상상하는 과학적 과정을 시작했다고 말합니다.

이 선구자들이 떠나고 아리스토텔레스 선생이 등장했습니다. 그래서 고전 과학인 자연 철학의 중심을 차지한 것입니다.

> "

나는 약 850개 별의 위치와 밝기를 알기 쉽도록 정리했다.
또한 세차운동을 발견해 태양년과 항성년을
정확하게 구할 수 있게 하였다.
훗날 프톨레마이오스는 나의 자료를 기초로 연구했다.

> "

who?
....
기원전 160(?)~기원전 125(?)

그리스의 천문학자로 천체의 조직적 관측과 그 운동을
수학적으로 풀어 낸 고대 관측 천문학의 원조이다.
저서는 전해지지 않지만 프톨레마이오스의 『알마게스트』에 수록된
그의 연구 업적은 천문학의 기초를 확립한 것으로 평가받고 있다.

히파르코스 Hipparchos

별자리를 정리한
고대 관측 천문학의 거장

히파르코스가 태어난 로도스 섬

어머니의 노랫소리

석양은 로도스 섬의 해변가를 곱게 물들이고 있었다. 둥근 바위 위에서 한 어머니가 어린아이를 무릎 위에 올려놓고 노래를 부르고 있었다. 아이는 가끔 태양을 훔쳐보기도 했다.

히파르코스는 어린 시절 태양 신 헬리오스를 찬양하는 어머니의 노랫소리를 들으며 자라났다.

"아침이 온다. / 헬리오스님이 마차를 몰고 오신다. / 님은 우리의 수호신……."

50

무수한 별과 대화한 '스타 박사'

    기원전 190년, 히파르코스는 에게 해에 자리 잡은 로도스 섬의 평민 가정에서 태어났다.

    헬리오스는 이 섬의 수호신으로 섬 주민들의 신앙의 대상이자 신화에 등장한 인물이다. 헬리오스 신은 아침 일찍 자신이 거처하는 성이 있는 동쪽 끝에서 사두마차를 몰고 하늘을 한 바퀴 유람하다가 저녁에 서쪽 끝에 있는 바다로 들어가곤 했다. 그러다가 밤늦게 성으로 돌아가기 때문에 대낮에는 한시도 성에 머물러 있는 적이 없었다.

    그리하여 이 섬 주민들은 태양이 동쪽에서 올라와 서쪽으로 가라앉았다가 아침이 되면 다시 동쪽에서 떠오르는 자연 현상을 헬리오스 때문이라고 생각했다.

제우스 신이 올림포스 산에 거주하는 신들에게 그리스의 섬들을 분배할 때였다. 동분서주하는 헬리오스 신은 당연히 그 자리에 참석하지 않았다. 제우스는 깜박 잊고 헬리오스에게 줄 몫을 남겨 두지 않았다. 이 사실을 뒤늦게 알게 된 헬리오스는 제우스에게 찾아가 항의했다.

"제우스 신이시여, 저에게 무슨 유감이 있기에 이런 푸대접을 하는 것입니까? 저는 억울합니다."

자신의 실수를 인정한 제우스는 헬리오스에게 새로운 섬이 생기면 맨 먼저 할당해 주기로 약속하고 일을 마무리지었다.

이 사건이 있은 지 얼마 안 돼 에게 해 바다에서 새로운 섬이 솟았다. 당연히 이 섬은 헬리오스의 몫이 되었다. 그런데 이 섬 한가운데에서 아름다운 요정이 물거품에 둘러싸여 떠올랐다. 이 요정은 눈이 부시도록 아름다웠다. 헬리오스는 신비로운 요정이 누군지 궁금했다.

신비로운 요정에게 다가간 헬리오스는 첫눈에 반해 황홀감에 빠지고 말았다.

"어여쁜 당신은 어디서 오신 손님이신가요?"

"저는 바다의 신 포세이돈의 공주입니다. 그런데 아버지의 노여움으로 바다 궁전에서 쫓겨났습니다."

"이름은……."

"로도스라고 합니다."

헬리오스는 당장 로도스를 아내로 맞이했고 그녀와의 사이에 린도스, 카미로스, 이알리소스라는 세 아들을 두었다.

행복한 가장이 된 헬리오스는 제우스에게 분배받은 이 섬을 아내의 이름을 따서 불렀다. 그리고 세 아들에게도 땅을 나누어 주고 그곳에서 가정을 이루고 살도록 했다.

최초의 반대

로도스 섬은 태양이 비치는 시간이 긴 지중해의 명당으로, 에게 해의 남동부에 떠 있는 열두 개의 섬들로 이뤄진 도데카니소스 제도 중 가장 큰 섬이다. 에게 해에 있는 섬 중에서는 네 번째로 크다. 섬 모양은 직사각형에 가깝고 북쪽에서 남쪽에 걸쳐 구릉 지대가 뻗어 있다. 비탈진 곳에는 사이프러스와 소나무가 군락을 이루고 있다.

이곳은 한겨울의 평균 온도가 섭씨 12도, 한여름에는 섭씨 25도를 웃돌아 1년 내내 따뜻하다. '태양 섬'이란 별명이 붙은 로도스 섬은 1년 중 10개월 이상 태양의 세례를 받는다.

히파르코스는 어릴 때부터 유난히 호기심이 많고 또래 아이들보다 훨씬 성숙했다. 소년의 유일한 소꿉친구는 오직 태양뿐이었다. 히파르코스가 눈을 뜨고 일어나면 해님이 가장 먼저 친절하게 미소 지어 주었다.

그는 성장한 뒤에 만다라키 만에 자주 들렀다. 이곳에서는 지중해와 동방을 오가며 무역하는 뱃사람들의 이야기를 엿들을 수 있었다. 100년 전에 세운 아폴론 신의 동상은 온데간데없고 터만 덩그라니 남아 있었다. 지중해를 항해하던 배들의 거수경례를 받던 아폴론 동상은 지진이 삼켜 버렸다. 아폴론 동상이 자취를 감춘 만다라키의 해안가에서는 밤늦게까지 짐을 가득 실은 배가 드나들었다. 히파르코스는 배가 물살을 가르고 해안가로 다가올 때면 설레는 마음을 감출 수 없었다. 이번에는 어떤 소식과 진귀한 물품을 가지고 왔을까 궁금했기 때문이다.

로도스는 지리적으로 좋은 위치에 자리 잡고 있었다. 소아시아, 이집트, 그리스 그리고 로마 등지를 연결하는 교역의 중심지였다. 바다의 실크로드와도 같았다.

마침 지중해의 판도가 바뀌고 있던 때였다. 알렉산더 대왕이 지중해를 정복한 이후 그리스 과학의 중심지는 아테네에서 알렉산드리아로 옮겨 갔다. 그때에도 과학의 수준은 후원금의 액수에 따라 결정되었기 때문이다.

문인, 철학자, 과학자들이 알렉산드리아로 모여들었다. 그러나 알렉산드리아의 학문은 그리스가 쌓은 기초 위에서 싹을 틔웠다.

글자를 읽을 줄 아는 히파르코스는 한 상인으로부터 귀중한 책 서너 권을 얻을 수 있었다. 거저나 다름없었다.

한 권은 아리스타르코스의 저서였다. 이 책을 읽으며 히파르코스는 흥분했다. 하루 만에 다 읽어 버렸다.

히파르코스는 먼저 이 책을 지은 사람이 궁금했다. 지은이는 아테네의 리케이온에서 스트라톤에게 물리학을 공부한 적이 있는 아리스타르코스로 사모스 섬 출신이었다.

아리스타르코스는 반달일 때 태양과 달, 지구가 직각삼각형이 이룬다는 전제 아래 태양과 달의 상대적 거리를 인류 역사상 처음으로 계산했다.

히파르코스는 그 당시로서는 획기적인 이론이 담긴 아리스타르코스의 『태양과 달의 크기와 거리』를 세 차례나 정독했다.

"지구는 날마다 그 축을 따라 자전하고 있으며 태양의 주위를 원을 그리면서 1년에 한 번씩 돈다. 그리고 태양과 항성은 정지해 있고 행성은 태양을 중심으로 원 궤도를 그리며 운행한다"는 대목을 읽을 때는 심장이 멈추는 듯했다.

아리스타르코스는 과학의 조상인 아리스토텔레스의 지구중심설을 최초로 반박하고 태양중심설을 주장했다. 그러나 시기가 너무 빨랐다. 아

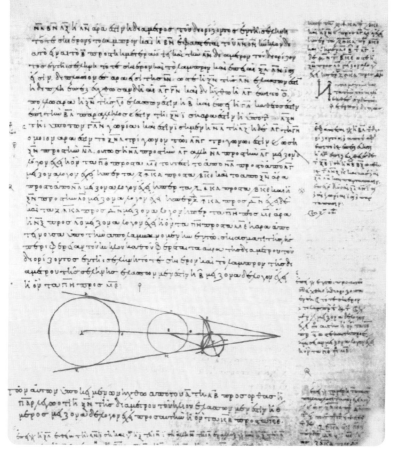

아리스타르코스의 『태양과 달의 크기와 거리』

리스타르코스는 망원경이 없던 시대에 그의 주장을 믿지 못하는 사람들을 설득할 만한 확실한 단서를 찾지 못했다.

신은 아리스타르코스의 편이 아니었다. 여전히 아리스토텔레스의 지구중심설이 절대적이었다. 특히 스토아 학파의 우두머리인 클레안테스는 아리스타르코스의 주장을 전해 듣고 크게 노했다. 드디어 클레안테스가 아리스타르코스를 불경죄로 고발하는 일까지 일어났다.

히파르코스는 『태양과 달의 크기와 거리』 마지막 장을 덮으며 무릎을 쳤다.

"옳아, 아리스토텔레스의 지구중심설이 미신일지도 몰라."

그리고 다시 다짐하듯 말했다.

"아리스타르코스의 이론을 증명할 수 없을까?"

이때부터 히파르코스는 아리스타르코스의 주장을 뒷받침할 만한 증거를 찾는 일에 열중했다.

첨단 성도

학문의 메카 알렉산드리아로 진출한 히파르코스는 새롭게 눈을 뜨기 시작했다. 히파르코스는 알렉산드리아 도서관에 틀어박혀 나올 줄을 몰랐다. 옛날 사람들이 정리해 둔 성도를 뒤적이다가 한 가지 질문이 떠올랐다.

"밤하늘에 저렇게 수많은 별들의 고향은 모두 같을까?"

히파르코스는 별들의 고향이 각각 얼마나 떨어져 있는지 몹시 궁금했다. 의문은 계속됐다.

"왜 별들의 밝기가 모두 틀릴까?"

기원전 134년, 하늘에서 갑작스러운 사태가 일어났다. 이를 지켜본 사람들은 모두 놀란 표정이었다. 히파르코스도 이 광경을 보았다.

200여 년 전에 아리스토텔레스가 불변하는 존재라고 말했던 항성계에 예고도 없이 1등급의 새로운 별이 출현했다. 이때부터 사람들은 별들의 위치를 정확하게 나타낸 관측 기록을 적기 시작했다.

히파르코스도 이 일에 뛰어들었다. 그는 별의 위치를 나타내는 목록 작성이 시급하다는 사실을 깨달았다. 그는 꼬박 3년에 걸쳐 약 850개의 별의 위치를 그린 첨단 성도를 만들어 냈다.

그는 최초로 별의 밝기에 따라 등급을 정했다. 그리고 첨단 성도에 별의 밝기를 6등급으로 표시했다.

히파르코스는 프톨레마이오스 왕가의 적극적인 후원을 받아 천문학, 수학, 의학 등 연구에 필요한 모든 자료가 망라돼 있는 알렉산드리아 도서관에서 고대인들의 관측 기록을 샅샅이 살펴보기 시작했다.

산더미처럼 쌓여 있는 도서관 고서 진열장에 들어간 히파르코스는 케케묵은 책을 한 권 꺼내 들었다. 그것은 바빌로니아와 고대 이집트 인들이 남긴 천체 관측 기록이었다.

이 기록에서 하늘의 별을 보고 국가의 운명을 예언한 고대 바빌로니아 인들의 점성술도 보았다. 일식이나 월식이 하늘의 재앙인 줄 믿었던 그 시대에는 천체를 관측해 국가의 운명을 점쳤던 천문학자들이 행세했다는 것을 알 수 있었다. 그 때문에 그들은 수많은 천체 관측 기록을 보유할 수 있었고 별자리마다 이름을 붙였다.

히파르코스는 기원전 700년 무렵에 조직적으로 관측한 결과를 담은 바빌로니아의 행성 운행표를 발견했다. 그들은 단순하기는 했으나 천제의 주기를 알아냈다. 히파르코스는 고대 바빌로니아 천문학자들을 칭찬했다.

"행성의 회전 주기 등에 대해 올바른 이해를 가지고 평균치를 계산해 낸 바빌로니아 천문학자들은 대단한 사람들이야."

천문학의 귀재

히파르코스는 고대 관측 천문 분야에서 일인자였다. 그는 그리스 관측 기록과 기원전 7세기경까지 믿을 만한 기록을 남긴 바빌로니아 인의 천문 기록을 대조하고 있었다.

최첨단 성도를 완성한 히파르코스는 춘분점과 추분점이 그 위치를 서서히 바꾼다는 중요한 사실을 발견했다. 히파르코스는 황도대(黃道帶)에서 가장 유명한 별인 처녀자리의 스피카를 눈여겨보았다.

히파르코스가 관측한 바에 따르면 스피카는 추분점에서 6도 떨어져 있는데 170년 전에 측정한 위치는 8도였다는 것을 알아냈다.

이와는 달리 그 밖의 모든 항성들의 자리는 변함이 없었다. 히파르코스는 이 사실을 놓치지 않았다. 그는 문제의 핵심을 파고들었다.

히파르코스는 돌고 있던 팽이가 멈추기 전에 축을 따라 작은 원을 그리듯 지구 자전축의 북극점도 그렇게 회전한다는 세차운동의 이론을 정립했다. 이는 대단한 발견이었다.

히파르코스는 천체의 고유 운동 법칙을 마음속에 그리고 있었다. 하늘에 무수히 떠 있는 태양, 달, 떠돌이별 그리고 혜성 등 천체의 모습이 눈을 감으면 생생하게 나타났다. 그는 아리스타르코스의 태양중심설이 타당하다는 결론을 내렸다.

히파르코스는 지금까지 등장한 천문학자들보다 우주의 신비를 더 많이 캐는 데 성공했다. 그러나 그의 위대함을 입증할 만한 단서가 될 중요한 저서가 한 권도 남아 있지 않아서 그의 연구 업적은 300년 뒤에 나온 프톨레마이오스의 기록을 통해 간접적으로 평가할 수 있을 뿐이다.

로도스 천문대장

쉰 살이 된 히파르코스는 로도스 섬의 해변가에서 가까운 산꼭대기에 천
문대를 세웠다. 한 폭의 그림과 같은 풍경이었다. 경쟁이 치열한 알렉
산드리아에서 머물다 로도스로 돌아온 그는 그곳에서 벗어나고 싶지 않
았다.

히파르코스의 고향 로도스 옆에는 의학의 아버지인 히포크라테스가
태어난 코스 섬을 비롯하여, 아르테미스 신전과 어디를 가도 벌꿀이 흐

르는 레로스 섬, 세 개의 산이 깎아지른 듯한 벼랑으로 둘러싸인 칼림노스 섬이 있다. 또 아스티팔레아, 니시로스, 틸로스, 칼키, 파트모스, 립소스, 카르파도스 그리고 카소스 섬 등이 줄지어 있다.

이 섬들은 이집트, 로마와 소아시아를 잇는 교통과 무역의 중심권이었다. 히포크라테스의 흉상이 있는 코스 섬의 사람들은 그를 영웅으로 떠받들고 있었다.

코스 시내에는 히포크라테스가 창건한 병원 겸 의학교가 있었다. 이곳에서는 의술의 신 아스클레피오스에게 제사를 지내고 있었다.

아스클레피오스는 플레기아스의 왕녀 코로니스가 낳은 아들이다. 코로니스는 아폴론의 연인이었는데 그가 외출하면서 말상대를 해 줄 하얀 까마귀를 그녀에게 맡기고 나갔다. 아폴론이 나가고 없는 사이 외로운 코로니스가 낯선 남자와 말을 나누는 것을 까마귀가 목격했다. 까마귀는 아폴론이 돌아오자 이 사실을 살짝 귀띔해 주었다.

화가 머리끝까지 치민 아폴론은 코로니스가 자신을 배반했다고 오해했다. 그는 그녀를 향해 활시위를 힘껏 당겼다. 코로니스는 그 자리에서 죽고 말았다.

이때 죽은 코로니스의 몸에서 아기가 태어났다. 이 아기가 바로 아스클레피오스였다. 그제야 아폴론은 코로니스가 자신을 진심으로 사랑했다는 사실을 깨닫고 성급한 행동을 뉘우치며 아스클레피오스를 의술에 뛰어난 케이론에게 맡겨 소중히 키웠다.

신의 경지에 이른 아스클레피오스는 죽은 사람까지도 살려 내는 재주를 지니게 되었다. 그리하여 죽는 사람의 수가 매일 줄어들자 지하 세계의 불만이 커졌다. 지하 신들의 불평을 들은 제우스가 벼락을 내려 아스클레피오스의 목숨을 빼앗아 버렸다. 한편 거짓말을 한 흰 까마귀는 새까맣게 변하고 말았다.

로도스가 낳은 히파르코스는 이 섬에 세운 천문대에서 한 발자국도 떼지 않고 우주의 질서를 연구하는 데 전념하리라고 맹세했다.

히파르코스가 학문을 배우고 연마하기 위해 알렉산드리아로 떠났던 때에도 로도스는 항상 따뜻한 어머니로 남아 있었다.

로도스 천문대장 히파르코스가 지중해 빛깔의 야생화가 만발한 산책길을 따라 걸으면서 태양의 운동에 몰두하고 있을 때였다.

"내일 한 번만 더 태양을 관측하면 확실해지겠지."

노인은 무언가 중얼거렸다. 산책에서 돌아와 지금까지 로도스의 천문대에서 관측한 태양의 겉보기 운동에 대해 마지막으로 정리하기 시작했다. 이튿날 관측 조교 포시도니우스가 히파르코스의 방문을 두드렸다.

"선생님, 다 끝내셨습니까?"

"그래. 태양의 중심이 춘분점을 지났을 때부터 다시 같은 곳으로 돌아올 때까지를 얼마라고 생각하나?"

조교는 난처한 표정을 지었다.

"그 값은 지금까지 알려진 수치보다 다소 작아. 365일 5시간 55분이야."

히파르코스는 그 당시로서는 가장 정확하게 1년의 길이를 이야기했다. 기존 값은 365.25일이었다.

위험한 모험

백발 노인 히파르코스는 청년 시절에 몰래 읽어 본 아리스타르코스의 이론을 다시 떠올렸다. 피타고라스 학파에 자극받은 아리스타르코스가 다루었던 천체의 거리와 크기를 측정하는 문제는 히파르코스의 일생을 지배했다.

히파르코스는 지구가 정해진 원 궤도를 돌고 달은 이심 궤도 위를 움직이며 모든 행성은 주 궤도를 돈다는 이론을 내세워 아리스타르코스의 태양중심설을 지지했다. 그는 태양과 달의 크기와 거리를 결정한 아리스타르코스의 업적을 끝까지 찬양했다. 그것은 모험이었다.

수학 실력이 뛰어난 히파르코스는 아리스타르코스의 이론이 정론이라는 전제 아래 그의 이론을 수정하기도 했다. 두 개의 다른 위도상에서 달의 높이를 관측해 달이 지구 지름에서 36배가량 떨어져 있다는 것을 발견했다. 아리스타르코스가 구한 값은 지구의 9배였다. 4배나 차이가 났다.

히파르코스는 아테네에서 환영받지 못했던 아리스타르코스의 태양중심설을 당대 최고의 명문 알렉산드리아에서 다시 한 번 거론한 장본인이었다.

알렉산드리아 천문학 시간에 태양중심설을 믿어야 할 것인지 말 것인지를 놓고 격렬한 논쟁이 벌어졌다. 알렉산드리아 교수들은 이 논쟁을 학교 안에서만 다룰 수 있다며 교외 유포 금지령을 내렸다. 교수들은 지구 다음에 달, 수성이 오고 금성, 태양, 화성, 목성 그리고 맨 끝에 항성이 위치한다는 아리스토텔레스의 지구중심설을 굳게 신봉하고 있던 터였다.

그 당시 알렉산드리아는 세계 최대의 상아탑이었다. 모든 학문은 알렉산드리아로 통하던 시대였다. 프톨레마이오스 1세가 세운 알렉산드리아의 학교는 왕의 지원을 받아 도서실, 박물관, 실험실 등을 갖추고 넓은 식물원까지 마련되어 있었다.

알렉산드리아는 세계 각국에서 수집한 발명품과 이론이 집결하는 장소였다. 프톨레마이오스 1세는 세계 최고의 석학 100명을 초청해 극진히 대접하며 학문 연구에 몰두할 수 있도록 최선을 다했다.

알렉산드리아 역사를 이끈 당대 최고의 석학 유클리드

　알렉산드리아의 교수진은 그리스, 이집트, 인도 출신의 대학자들이었다. 이미 알렉산드리아에는 역사를 이끈 두 명의 쟁쟁한 인물이 있었다. 유클리드와 아르키메데스가 그들이다.

　유클리드는 대단한 수재로, 성격이 온화하고 근면 성실하여 존경받는 교수였다.

　유클리드에 얽힌 일화가 있다.

　유클리드는 기존 수학자들이 쓴 책과 자신이 발견한 것들을 하나로 묶어 기하학 교과서 『엘리먼트』를 펴냈다. 그러나 이 기하학 교과서가 학생들이 이해하기에는 너무 어려워 수업 시간에 조는 학생이 더 많았다.

프톨레마이오스 2세가 벌떡 일어나 질문했다. 왕자는 뒤통수를 긁적이며 더듬거렸다. 그러나 말솜씨는 차분했다.

"선생님, 기하학 원론을 좀 더 쉽게 공부할 수 있는 방법은 없을까요?"

유클리드는 단호히 말했다.

"기하학에 왕도는 없다네."

아르키메데스는 공학과 과학을 접목시킨 훌륭한 교수였다. 부력과 상대 밀도의 원리를 발견한 그의 일화는 매우 유명하다.

헤론 왕이 대장장이에게 순금을 내주고 왕관을 만들라고 했다. 얼마 뒤이 왕관이 완성되었다. 헤론 왕은 왕관을 보물함 속에 넣어 두고 애지중지했다. 어느 날 그의 귀에 이상한 소문이 들려왔다.

"왕이 쓰고 있는 왕관은 순금이 아니라 가짜래."

헤론 왕이 대장장이를 불렀다.

"바른 대로 말해라. 세상의 소문을 믿어도 되느냐?"

"전하, 무슨 말씀이신지요?"

"이놈, 이 왕관이 가짜란 소문을 내가 모르고 있는 줄 아느냐?"

"임금님의 왕관이 가짜라면 천벌을 받아 마땅합니다만 절대 그럴 리가 없습니다."

대장장이가 물러간 뒤 헤론 왕은 알렉산드리아의 교수 아르키메데스를 불렀다.

"아르키메데스, 이 왕관이 진짜인지 가짜인지를 가리는 데 한 달이면 충분하지 않겠소?"

어느덧 왕과 약속한 날짜는 하루밖에 남지 않았다. 그러나 해결의 실마리는 좀처럼 보이지 않았다. 밤을 꼬박 새웠지만 숙제를 풀지 못한 아르키메데스가 왕을 알현해야 하는 날이 되었다. 이른 아침, 그는 공중 목욕탕에 들렀다.

더운 물이 가득 담긴 목욕탕에는 손님이 한 사람도 없었다. 아르키메데스가 탕 속에 몸을 담그자 물이 한꺼번에 넘쳤다. 아르키메데스의 가벼워진 몸은 중심을 잃고 둥둥 떴다. 이때 아르키메데스의 머릿속에서 무언가 번뜩였다. 아르키메데스는 욕탕에서 나와 알몸뚱이로 내달리면서 외쳤다.

"알았어(유레카), 알았어(유레카). 아마 내 몸무게만큼의 물이 넘쳐흘렀을 거야."

알몸뚱이로 달려온 아르키메데스는 왕관과 같은 무게의 금과 은 덩어리를 구했다. 그리고 금과 은 덩어리를 물속에 넣는 실험을 수십 차례 번갈아 했다.

그리하여 왕관에 섞인 금과 은의 양을 정확히 계산해 냈다. 왕관은 대장장이가 금 대신에 은을 넣어 만든 가짜였다.

▌나비의 천국에서의 전수

학문의 전수는 평범한 일상에서 이루어진다.

로도스의 8월이었다. 늙은 스승과 제자가 계곡을 산책하고 있었다. 살아서 꿈틀거리는 계곡에는 파란 물이 폭포수처럼 쏟아져 내리고 공중에는 갖가지 색깔의 나비들이 물결처럼 춤추고 있었다.

계곡은 이알리소스에서 45리가량 떨어진 페타오데스 지방에서는 유명했다. 마을 사람들은 이 계곡을 '나비의 천국'이라고 불렀다. '나비의 천국'은 사방 1킬로미터가 넘었다. 노인과 젊은이는 혼이 빠질 지경이었다.

"이봐, 우리가 나비가 된 기분이지?"

　바위에 걸터앉은 히파르코스는 포시도니우스의 어깨를 가볍게 두드
렸다.

　"포시도니우스, 지금부터 지구의 크기를 정확하게 잴 수 있는 방법을
연구하자."

　포시도니우스는 스승 히파르코스의 말이 끝나기도 전에 질문했다.

　"선생님, 어떤 방법을 쓰는 것이 가장 이상적일까요?"

　"진리를 정확히 터득하려면 방법론이 중요하단 말이야."

　히파르코스는 포시도니우스에게 천문학적인 문제를 해결하는 데 이상

히파르코스와 포시도니우스가 거닐던 나비의 천국

적인 해결 방법인 구면 삼각법을 자세하게 들려주었다. 포시도니우스는
페타오데스에서 돌아와 구면 삼각법을 연구하는 데 몰두했다.

포시도니우스는 로도스와 알렉산드리아 사이의 거리와 위도 차이로
지구의 크기를 측정했다. 포시도니우스가 측정한 값은 18만 스타디아로
선배 에라토스테네스가 잰 값보다 작았다.

머리 회전 속도가 남달리 빠른 포시도니우스는 로도스를 떠난 적이 없
는 히파르코스와 함께 은둔 생활을 했다. 한편 그 대가로 히파르코스의
계승자란 영광이 주어졌다.

'고대 관측 천문학의 거장' 히파르코스는 기원전 시대를 풍미한 알렉산드리아의 천문학 발전에 최대의 진보를 가져다준 거인으로 손꼽힌다. 알렉산드리아와 바빌로니아의 천문학을 섭렵한 그는 기원전 160년부터 기원전 125년 사이에 맹활약하며 많은 업적을 남겼다.

그는 지구의 세차운동을 발견했다. 기원전 134년에 갑자기 1등급의 신성이 출현한 사건을 목격한 뒤 수많은 별의 위치를 측정해서 별자리를 정리하기도 했다. 그는 항성의 밝기를 나타내기 위해 사용하는 항성의 등급에 대한 개념을 처음 만들고, 별들을 겉보기 밝기에 따라 분류했다.

또한 춘분점과 추분점이 그 위치를 서서히 바꾼다는 중요한 사실을 발견했다. 처녀자리의 스피카가 추분점에서 6도 떨어져 있는데, 170년 전에 관측한 위치는 8도였다는 것도 알아냈다. 태양의 겉보기 운동에 대한 정밀한 연구를 통해 태양의 중심이 춘분점을 지날 때부터 다시 같은 점을 지날 때까지의 시간이 이제까지 알려진 365.25일이 아니라 그보다 조금 짧다는 것을 발견했다. 분점이란 밤과 낮의 길이가 똑같은 지점을 말한다.

아리스타르코스가 다루었던 천체의 거리와 크기를 측정하는 문제는 히파르코스의 일생을 사로잡았다. 그는 월식의 진행 시간을 분석해 달의 크기와 달과 지구 사이의 거리를 지구 반경의 약 59배로 산출했다.

정확한 측정과 수학 그리고 천문학적 자료를 분석하는 데 정밀한 논리를 도입했다는 평이 지배적이다.

"분점의 세차를 발견해
1년의 길이가 정확해져"

▲ 기원전 134년에 등장한 신성의 의미는?
— 아리스토텔레스가 불변하는 장소라고 못 박았던 항
성계에 그와 같은 돌발적 변화를 어떻게 해석해야 할지
나도 몹시 난감하다.

▲ 아리스타르코스도 지구에서 달까지의 거리와 지구
에서 태양까지의 거리를 실제 관측 자료를 토대로 계산
하기도 했는데…….
— 그가 계산한 값은 그 시대의 실력으로는 최고라고
말할 수 있다.

▲ 고대 천문학의 발전 배경에 대하여 설명하면?
— 고대 천문학은 농업, 종교 의식, 점성술의 필요 때문
에 발전했다. 또한 수학은 회계와 측량, 건축에 필요했
기 때문에 발전하였다.

▲ '분점의 세차'를 처음 발견하였는데?
— 이 발견으로 1년의 길이가 정확해졌다고나 할까.

바빌로니아 점성술

바빌로니아에서는 기원전 3000년대 말경에 규칙적인 천문 현상과 국가의 운명을 연결 짓는 점성술이 탄생했다. 바빌로니아의 점성술은 초자연과 신비의 베일에 가려 위엄을 과시하려 했던 신관 계급의 전유물이었다. 고대 바빌로니아 점성술에서는 낮에도 나타나는 금성의 움직임에 주목했다. 그래서 바빌로니아 점성술은 금성이 목성, 화성, 토성에 접근하거나 달무리에 침입하는 사건에 중대한 의미를 부여했다. 다섯 가지 행성을 일정한 신에 할당하고 '운명의 조종자'로 취급하였으며 국가의 길흉화복을 점쳤다. 바빌로니아 사람이 시간을 정확히 측정하고 나누는 방법을 처음 발견하게 된 것은 점성술의 부산물이다.

'춘분점의 세차'

히파르코스가 처음 발견한 '춘분점의 세차'란 한쪽이 약간 더 무겁기 때문에 행성의 자전축이 하늘에 원뿔 모양을 그리며 천천히 돌아가는 현상을 말한다. 지구가 완벽한 구가 아니라 적도 부근이 볼록 튀어나오고 극부분이 평평한 찌그러진 타원체이기 때문에 이런 현상이 일어난다. 그러므로 지구의 회전축은 항상 같은 방향을 가리키지 않는다. 태양과 달이 적도 부근의 부푼 부분을 잡아당기기 때문에 2만 6,000년마다 서쪽 방향으로 한 바퀴 돌게 된다. 오랫동안 이 현상을 해명하기 위해 수많은 천재들이 도전했지만 모두 실패했다. 코페르니쿠스조차도 좌절하고 말았다. 달이 지구의 중심에서 약간 벗어난 곳을 잡아당기고 있다는 것에 주목하고, 지구의 자전축이 하늘에서 원뿔형으로 한 바퀴 도는 데 2만 6,000년이 걸린다고 계산해 내는 데 성공한 것은 뉴턴에 이르러서였다.

히파르코스 씨에게

히파르코스 씨, 선생은 태양과 달의 운동을 이전의 어느 것보다도 잘 설명할 수 있는 기하학적 모델을 고안했습니다.

뒷날 프톨레마이오스란 사람이 나타나서 다른 사람들의 항성 목록도 참조하긴 했지만, 850개의 별을 다룬 히파르코스 씨의 항성 목록을 바탕으로 1,022개의 별의 좌표를 포함한 항성 목록을 완성했다고 합니다.

프톨레마이오스는 이 위대한 선배가 이룩해 놓은 별들의 위치를 주의 깊게 관찰하여 가장 미세한 천체 운동 중 하나인 춘분점의 분점과 지점에 대한 별들의 세차운동을 발견했습니다.

고대 천문학자들은 태양이 천구의 적도를 가로지르는 춘분점을 절대적인 것으로 여겼습니다. 다시 말해 춘분점은 하늘의 기준점이었지요.

히파르코스 씨는 별들이 1세기에 1도 정도의 속도로 엄청나게 느리게 운동한다는 것까지 알고 있으셨지요? 프톨레마이오스가 감탄했답니다.

프톨레마이오스는 히파르코스 씨가 항성이 옛날 기록과 다르게 움직인다는 것을 찾아낸 것에 몹시 감탄했다고 합니다.

> 66
>
> 지구는 구형이고 하늘의 중심에 있는데,
> 하늘의 공간에 비해서는 하나의 점이라 볼 수 있다.
> 지구는 붙박이처럼 고정돼 있고,
> 여러 별들은 원 궤도를 그리며 운동한다.
>
> 99

who?

85(?)~165(?)

그리스의 천문학자이자 지리학자이다.
그의 저서 『알마게스트』는 코페르니쿠스 이전 시대에는 최고의 천문학서였다.
천체를 관측하면서 대기에 의한 빛의 굴절 작용을 발견하였으며,
달의 운동이 비등속 운동인 것도 발견하였다.

클라우디오스
프톨레마이오스

Claudios Ptolemaeos

고대 천문학을 완성한
하늘의 전도사

주사위는 던져졌다

알렉산드리아의 왕립 학교 무세이온에는 깊은 정적만이 흐르고 있었다. 학자들은 이곳에서 지상과 천상을 알아내는 연구에 몰두하고 있었다. 한편 중부 이탈리아의 로마 사람들은 무력으로 세계를 정복할 야심을 불태우고 있었다.

기원전 59년 로마는 정치적으로 대혼란을 겪고 있었다. 파벌 싸움은 극에 달했다. 이 혼란을 수습하기 위해 카이사르, 폼페이우스, 크라수스 등 세 장군이 과도기를 책임지는 집정관이 되어 삼두정치를 실시했다.

우주의 창 '알렉산드리아'

그러다 크라수스가 기원전 53년에 전쟁터에서 사망하면서 두 명의 집정관이 로마를 통치하게 되었다. 두 집정관 가운데 귀족 출신인 카이사르가 서방과 갈리아 지방을 장악하고 폼페이우스가 동방과 이집트를 통치했다.

야심가인 카이사르는 폼페이우스에게 딸 율리아를 시집보내 두 가문 사이에 긴밀한 혈연 관계를 맺었다. 순전히 정략 결혼이었다.

카이사르는 집정관이 되고 1년 뒤 갈리아 원정길에 올랐다. 그는 갈리아 원정을 통해 영토를 확장하고 실전 경험까지 쌓을 수 있었다.

카이사르의 권좌는 갈리아 원정에 나가기 전에 호민관으로 임명한 심복 클로디우스가 지키고 있었다. 클로디우스는 그때그때 입수한 로마 정세를 카이사르에게 보냈다.

한편 카이사르는 갈리아 전쟁터에서 몰수한 전리품을 모두 로마로 수송했다. 때때로 극빈자들에게 배급할 밀 등을 대량으로 구입해 로마로 보내기도 했다. 로마 시민들의 환심을 사기 위해서였다. 로마 시민들은 심심치 않게 카이사르가 전쟁터에서 보내 온 각종 식량을 배급받곤 했다.

원로원 광장은 이른 아침부터 배급품을 받기 위해 줄을 선 사람들로 인산인해를 이루어 많을 때는 30만 명에 이르기도 했다. 가난에 지친 극빈자들은 카이사르를 찬양하며 만세를 부르기도 했다.

"카이사르 만세!"

"우리의 영웅 만세!"

한편 로마 중앙에 위치한 콜로세움에서는 로마 시민들을 즐겁게 해주기 위해 매일 서커스 경기가 열렸다. 입장료는 무료였다. 타원형 경기장에서는 환호하는 소리가 끊이질 않았다. 대리석을 쌓아 올린 콜로세움의 규모는 어마어마해서 한꺼번에 5만 명까지 수용할 수 있었다.

카이사르의 인기는 나날이 높아졌다. 갈리아 정벌로 큰 성공을 거둔 카이사르는 갈리아 군단을 이끌고 다음 정복지인 브리타니아를 향해 발길을 돌리고 있었다.

그런데 브리타니아로 이동하던 카이사르는 웬일인지 잠을 이룰 수가 없었다. 막사에서 슬그머니 빠져나와 밤하늘을 쳐다보며 이 생각 저 생각에 잠겨 있었다. 그때 별똥별이 카이사르 코앞에 뚝 떨어졌다. 『별에 대하여』란 책까지 지은 카이사르는 불길한 예감에 휩싸였다. 뜬눈으로 밤을 새우다시피 했다.

이튿날 해가 동쪽 산 너머로 막 고개를 내밀고 있었다. 막사 밖에서는 젊은 병사들이 갈리아 원정에서 얻은 전리품과 정복지의 여자들에 관해 이야기하며 웃고 떠들었다. 시끄러운 소음을 타고 급한 목소리가 들려왔다.

"장군님, 장군님."

"웬일이냐?"

"급한 전갈이 온 것 같습니다."

카이사르는 보초병이 건네 준 편지를 재빨리 펼쳤다.

"카이사르, 로마로 급히 귀국 바람. 원로원 원장 보냄."

카이사르는 폼페이우스의 얼굴을 떠올리며 표정이 일그러졌다. 그는 문장 속에 숨어 있는 뜻까지 읽고 있었다. 로마에서는 검은 음모가 진행되고 있었다.

"폼페이우스, 이 살쾡이 같은 녀석. 무능한 원로원 의원들을 부추기다니."

폼페이우스는 카이사르가 멀리 원정 나간 틈을 타 원로원 회의를 열고 카이사르의 세력을 몰아내었을 뿐만 아니라 카이사르를 집정관 자리에서 아예 제외시키고 단독 집정관이 되었던 것이다.

카이사르는 편지를 땅에 떨어뜨린 채 어안이 벙벙해 막사 안으로 돌아왔다. 그리고 깊은 생각에 잠겼다. 앞날이 막막했다.

"혼자 루비콘 강을 건널 것인가? 그동안 나와 함께 고생한 병사들과 함께 가야 할 것인가?"

카이사르는 끊임없이 고민하면서 브리타니아에서 로마로 돌아가고 있었다. 갈리아 군단을 이끌고 로마 근교까지 며칠 밤을 지새우며 행진했다. 로마로 들어가기 전 루비콘 강이 카이사르의 갈리아 군단을 가로막고 있었다. 루비콘 강은 과거의 루비콘이 아니었다. 실개천만 한 루비콘이 카이사르를 조롱하고 있었다. 이때였다. 카이사르의 야생마가 하늘을 향해 괴성을 지르며 울어 대기 시작했다.

"주사위는 던져졌다. 로마를 공격한다. 그리고 폼페이우스를 붙잡은 병사에게는 큰 상을 내리겠다."

함성이 울려 퍼졌다. 갈리아 군단은 눈 깜짝할 사이에 루비콘 강을 건너 로마로 진격했다.

영문도 모른 채 로마 시민들은 카이사르를 열렬히 환영했다. 그러나 카이사르의 귓전에 그들의 함성은 희미하게 들릴 뿐이었다. 그의 머릿속에는 온통 배신자 폼페이우스의 얼굴만이 아른거렸다. 카이사르의 갈리아 군단은 로마 시내를 샅샅이 훑으며 폼페이우스를 찾기 시작했다.

폼페이우스는 혼비백산이 돼 부하 둘을 데리고 이집트로 도망치고 있었다. 누가 보아도 예사로운 행차가 아니라는 것을 알아차릴 수 있었다. 폼페이우스 혼자 평민복 차림이고 두 부하는 관복을 그대로 갖춰 입고 있었다. 폼페이우스는 뒤쫓아간 카이사르에게 이집트에서 붙잡혀 그 자리에서 살해당했다.

정적인 폼페이우스는 사라졌지만 카이사르의 심정은 몹시 괴로웠다. 폼페이우스는 경쟁자이기 전에 먼저 세상을 떠난 딸 율리아의 남편이었다.

카이사르는 폼페이우스가 통치하던 이집트를 손아귀에 넣고 프톨레마이오스 15세와 클레오파트라 여왕을 옹립했다. 절세미인 클레오파트라는 카이사르의 마음을 사로잡았다. 한때 두 사람은 열렬한 사랑에 빠지기도 했다.

기원전 47년, 클레오파트라 품에서 빠져나온 카이사르는 잔뜩 쌓여 있는 국내 정치 문제에 관심을 갖기 시작했다. 먼저 알렉산드리아 천문학자 소시게네스의 도움을 받아 역법을 개정했다. 그 당시 달력은 통치자가 공포해야 하는 가장 큰 임무 가운데 하나였다. 로마는 기원전 46년까지 태음년으로 계산한 달력을 사용하고 있었다. 이 달력은 엉터리여서 윤달을 삽입하여 사계절에 맞추었는데, 카이사르 시대에는 춘분이

카이사르는 이집트의 태양력을 로마에 맞게 개정한 율리우스력을 도입했다.

실제 춘분보다 85일 전에 오기도 했고, 춘분 예정일이 한겨울에 오기도
했다.

율리우스 카이사르의 지시를 받은 천문학자들은 이집트에서 전해
진 간편한 역법을 기준으로 로마의 역법을 개정했다. 이것이 율리우스
력이다. 평년을 365일로 하여 4년마다 한 번씩 윤년을 두고 1년을 평균
365.25일로 삼은 태양력이었다. 이때부터 로마에서는 태양력을 사용하
게 되었다.

또한 기원전 45년, 카이사르는 권력을 재정비했다. 그는 자신이 주관
한 원로원 회의에서 종신 독재관으로 취임했다. 그리고 종신 집정관이

된 후 최고 신관직까지 도맡았다. 여기에 로마군의 지휘권과 국고 처리권 등을 인수해 강력한 독재자가 되었다. 화폐에 카이사르의 초상화가 새겨지기도 했다. 로마는 카이사르 한 사람을 위한 천국이었다.

권력은 마약과 같았다. 권력에 취한 카이사르의 횡포는 날로 극심해져 갔다. 로마는 더 이상 폭군인 카이사르를 원하지 않았다.

카이사르가 한 원로원 의원을 징계하기 위해 원로원 회의를 주재하러 가던 길이었다. 괘씸죄로 처벌된 그 원로원 의원은 카이사르에게 정면으로 대든 적이 있었다.

그가 원로원 계단을 바삐 오르고 있을 때였다. 카이사르의 총애를 받았지만 공화정을 옹호하던 브루투스와 카시우스가 돌기둥 뒤에서 나타났다. 동시에 카이사르를 향해 단검을 날렸다.

"카이사르, 우리는 그대를 사랑한다. 그러나 우리는 로마를 더 사랑한다."

"브루투스! 너마저……."

카이사르의 가슴에서는 붉은 피가 솟구쳤다. 독재자의 일생은 순식간에 끝이 났다.

카이사르가 사라진 로마는 한때 혼란을 겪는 듯하다가 차차 정비되었다.

카이사르가 죽은 뒤 그의 조카인 옥타비아누스, 카이사르의 친구인 안토니우스와 부호 레피두스가 제2차 삼두정치를 열었다. 곧이어 레피두스는 실각하고 안토니우스가 이집트 여왕 클레오파트라와 손을 잡고 옥타비아누스에 대항하였으나, 기원전 31년 악티움 해전에서 크게 패한 후 자살하고 말았다.

지중해 세계는 한 세기에 걸쳐 내란을 겪은 뒤 옥타비아누스에 의해 통일되었다. 옥타비아누스는 '아우구스투스'란 칭호를 받았다. 아우구스투스란 '존엄자'란 뜻이다. 아우구스투스는 모든 대권을 손아귀에 넣고 '국부'이자 '신의 아들'로 행세했다. 또한 '제1인자' 등으로 불리며 존경받았다. 아우구스투스는 동서 지중해와 오리엔트의 3대 세계를 통합할 대로마 제국의 토대를 마련했다.

또한 아우구스투스는 이집트 등을 황제의 직속령으로 정하고 이곳에서 거둬들인 세금을 황제의 금고에 넣었다. 아우구스투스는 전국군을 재편성하고 황제 직속의 관료 조직을 구성했다.

아우구스투스는 '로마의 평화기'를 열었다. 그는 이 평화기를 맞이해 영토를 극대화했으며 대내적으로는 정치와 경제를 진정시키고 태평성대를 누렸다.

재정이 튼튼해진 로마 사람들은 건물을 대리석으로 치장했다. 차츰로마의 얼굴은 '벽돌'에서 '대리석'으로 탈바꿈했다.

여유가 생기자 전통 신앙이 되살아나고 여기저기에 신을 찬양하는 신전이 들어섰다. 라틴 문학은 황금시대를 맞이했다.

거대한 제국 로마는 각 지역마다 주요 도시가 있어 지역 경제 활동이 활발했다. 도시와 도시를 잇는 도로가 발달되는 등 통일된 제국의 모습을 갖추기도 했다. 상업은 크게 번창하였으며 중국, 인도, 브리타니아에까지 무역을 했다.

지중해에서는 해적이 사라졌으며, 그 덕분에 화물과 승객을 실은 배가 제때에 목적지에 도착할 수 있었다.

로마는 수출보다 수입이 더 많았다. 곡물을 비롯해 견직물, 면방, 향수, 보석, 파피루스 등 여러 종류의 물품을 동방에서 수입했다.

이때 로마의 속주 중 가장 변방에 위치한 이스라엘에서는 세금 징수가 가혹해 주민들의 반발이 커지고 있었다. 목구멍에 풀칠하기도 힘든 이스라엘의 유대인들은 그들을 구출해 줄 메시아를 갈망했다.

로마 제국의 번영은 아우구스투스 이후 약 2세기 동안 이어졌는데, 네르바, 트라야누스, 하드리아누스, 안토니우스 피우스, 마르쿠스 아우렐

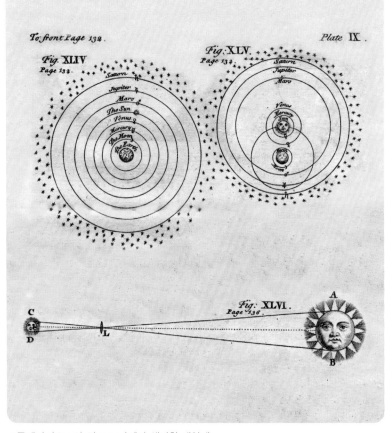

프톨레마이오스와 튀코 브라헤가 생각한 태양계

리우스의 5현제 시대를 거치며 전성기를 이루었다. 영토는 최대로 확장
되고 문명은 유럽 일대에 전파되었다.

고대 천문학 완성

지중해의 정치 행태가 이와 같이 숨막히게 급변하고 있을 때 알렉산드
리아에 있는 교실에서는 천문학 수업이 한창이었다. 특히 프톨레마이오
스는 조금 흥분하여 교단 중앙에서 서성거리고 있었다.

"여러분, 여기를 보시오."

프톨레마이오스는 복잡한 원을 그려 가며 하늘의 변화를 설명하려 애쓰고 있었다. 프톨레마이오스는 종이 위에 여러 개의 원을 그렸다. 지구를 한가운데 고정시켜 놓고 달·수성·금성·태양·화성·목성·토성·항성 순으로 그려 나갔다. 그리고 5행성마다 또 다른 작은 원을 그려 넣었다. 종이 위에는 모두 81개의 크고 작은 원이 표시됐다.

프톨레마이오스는 아리스토텔레스의 지구중심설을 따라 배열한 5행성의 위치가 실제 장소와 맞지 않아 고민에 빠졌다.

그는 행성들이 때때로 빠르게, 또는 느리게 움직이거나 아주 천천히 움직이다가 멈추기도 하고 몇 달 주기로 뒷걸음질치는 것을 보았지만 이 이상 현상들을 아리스토텔레스의 공식으로는 도저히 해결할 수가 없었다.

그러나 프톨레마이오스는 다른 방법으로 풀 수 있다는 것도 알고 있었다. 아리스타르코스설로 처리하면 매우 깔끔히 해결할 수 있었다. 그러나 아리스토텔레스를 지지하는 대열에서 물러나고 싶지 않았다. 그것은 죽음을 각오한 큰 모험이기 때문이었다.

그는 지구를 그대로 두고 다른 천체에 엉터리 역할을 맡겼다. 달에는 지구의 둘레가 아니라 있지도 않은 하나의 점을 완주하는 원형 궤도를 그려 보았다. 이 원형 궤도는 지구의 중심과는 무관한 것이었다. 떠돌이 별들을 위해서는 더욱 복잡한 원형 궤도를 그려 넣었다.

프톨레마이오스는 드디어 독특한 행성 운행표를 만들었다. 달·태양·항성이 지구를 중심으로 회전하는 지구 밖 5행성의 운동을 설명하기 위해 그는 지구를 중심으로 한 큰 원 말고도 원 위의 한 점을 중심으로 도는 작은 원 운동을 덧붙였다. 항성들이 뒷걸음치는 것처럼 보이는 역행 운동까지 설명하자 원의 숫자는 자그만치 81개나 되었다.

무세이온의 천문 기기

이집트 알렉산드리아에서는 플라톤이 세운 아테네의 아카데메이아와 아리스토텔레스가 초석을 올린 리케이온과는 비교할 수도 없는 무세이온이 설립되었다.

무세이온은 여러 도시에서 왕의 초대를 받고 온 학자들로 가득했다. 학자들은 아무런 걱정 없이 학문에 열중할 수 있도록 전폭적인 재정 지원을 받고 있었다. 연구비, 여행 경비, 실험 실습비 등은 모두 왕의 국고에서 부담했다.

이집트 왕은 튼튼한 성과 새로운 무기를 만들 수 있는 유능한 수학자와 기계 공학자, 항해할 때마다 정확한 시간과 장소를 알아낼 수 있는 천문학자, 사람들의 병을 고치는 데 신의 경지에 오른 명의가 필요했다. 과학자는 물론 시인들에게도 후한 대접을 해 주었다. 철학자들도 생활고 걱정 없이 철저히 진리를 탐구하는 일에만 몰두할 수 있었다.

알렉산드리아에서는 옛날의 그리스와는 달리 과학과 철학을 구분지었다. 무세이온 학원 사람들은 머리로 책을 읽고 입으로 이야기를 할 뿐만 아니라 손으로 치수를 재고 무게를 달고 녹이는 일 등을 함께하고 있었다. 이는 그리스의 리케이온이나 아카데메이아에서는 볼 수 없는 풍경이었다.

천문학자들은 하늘을 바라보고만 있지 않았다. 천문대에서는 여러 가지 기기들이 마련돼 있었다. 천체 관측을 하는 천문학자는 필요한 기계를 제작할 수 있는 기술을 갖추어야만 했다. 그래서 이때부터 관측 장비가 개발되고 정밀도도 향상되었다.

천문학자들이 작업하고 있는 천문대에서는 맨 먼저 두 개의 청동 고리로 만든 고대 천구인 아르미라를 볼 수 있었다. 360개의 눈금이 새겨

천체를 관측하는 프톨레마이오스

진 이 아르미라는 기둥 위에 수직으로 세워 자오선에 맞추어 사용했다. 태양의 자오선 고도를 측정할 수 있는 아르미라는 하늘에서 볼 수 있는 현상들을 축소시켜 옮기는 작업을 할 때 꼭 필요한 도구였다. 이 장치는 대리석으로 된 둥근 받침대 위에 놓여 있었다.

그리고 한쪽 옆에는 사분환과 아스토롤라븀이 있었다. 사분환은 대리석 치장을 한 벽면에 원의 4분의 1을 새겨 놓은 것이다. 아스토롤라븀은 별의 위치를 재는 장치로서 별들을 관찰해서 하늘에 그 위치를 새길 때 이용하고 있었다. 이 장치로 수평각과 높이를 쟀다.

이 밖에 자오선면에 설치된 석조 벽에는 상한의(象限儀, 사분의)도 있었다.

이때 지구 반대편에 있는 중국에서도 천문학자들이 일식과 월식을 관찰하고 있었다. 일식과 월식은 그 당시 중국 사람들의 눈에는 하늘의 대반란으로 보였다. 황제는 대반란을 미리 예측해서 하늘의 재앙을 피할 수 있도록 제사를 올렸다. 황실에 소속된 천문학자들의 주된 임무는 일식과 월식을 정확히 예측하는 것이었다. 예측이 조금이라도 빗나가는 것은 목숨을 내놓아야 할 정도로 큰일이었다. 중국 천문대에서는 일식 현상을 대쪽을 엮어서 만든 연대기에 기록했다. 일식 연대기는 고대 통치자들에게는 중요한 국보급 목록이었기 때문이다.

우주 복음서 집필

서기 140년을 알리는 종소리가 알렉산드리아의 심장부를 울리고 있었다. 프톨레마이오스는 서재에 틀어박혀 아리스토텔레스의 저서들을 열심히 들추고 있었다. 그러다가 책을 보다 말고 의자를 뒤로 밀치며 길게 기지개를 켰다. 그때 한 생각이 화살처럼 스치고 지나갔다.

"우리 조상들의 우주관을 한데 모아 책을 만들어 놓아야 후세들이 조상의 업적을 쉽게 찾아낼 수 있지 않을까? 나처럼 이런 고생은 안 할 테니까 말이야."

프톨레마이오스는 바빌로니아 시대로부터 당대에 이르는 천문학설을 한 권의 책으로 집대성해 보겠다는 야무진 꿈을 꾸고 있었다. 그는 나중에 중세를 풍미했던 『알마게스트』 집필의 의지를 불사르고 있었던 것이다. 나중에 아라비아 인들에 의해 계승된 『알마게스트』는 천문학 복음서가 되었다.

먼저 프톨레마이오스는 지구중심설에 대한 자료들을 모아 『알마게스트』 1권을 집필하기 시작했다. 그는 지구중심설을 국가별로 정리했다. 덕분에 고대 천문학사를 따라 긴 여행을 즐길 수가 있었다.

프톨레마이오스는 고대 바빌로니아, 이집트, 갈데아 인들의 우주론을 살펴보면서 터져 나오는 웃음을 참을 수가 없었다. 바빌로니아 인들은 지구가 평평한 사각형이고 바다가 이것을 둘러싸고 있으며 네 개의 거대한 벽이 하늘을 떠받치는 기둥 역할을 한다고 믿었다. 하늘에는 큰 저수지가 있어서 지상에 비를 내리고 지구 아래쪽에는 인간과 동물이 살고 있으며 하늘 위에는 천사들을 비롯해 천상계의 생물들이 살고 해, 달, 별들은 땅을 비추기 위해 하늘에 달려 있다고 믿었다.

이집트와 갈데아 사람들도 바빌로니아 사람들과 거의 똑같이 우주를 바라보았다.

프톨레마이오스는 기원전 6세기경 고대 그리스의 우주관도 더듬어 보았다. 그리스 과학자들은 우주는 하나의 공으로 우주의 중심에는 커다란 불덩어리가 있고 그 주변에는 무한대의 하늘이 있는데 이 하늘의 본질은 불덩어리라고 믿었다. 하늘과 커다란 불덩어리 사이에는 열 종류의 신과 같은 물체가 활동하고 있는데 첫째는 항성이고, 다음에 5행성, 태양, 달, 지구가 있고 마지막 열 번째는 큰 불덩어리에 가까이 있는 대지구가 있다고 생각했다. 지구와 대지구는 큰 불덩어리의 주위를 24시간에 한 번씩 돈다고 믿었다. 이러한 고대 사람들의 우주관을 한데 모아 『알마게스트』 1권에 담았다.

아리스토텔레스의 신봉자인 그는 현과 구면 삼각형 등에 대한 원리를 『알마게스트』 2권에 담아 편집했다.

『알마게스트』 3권에는 항성년의 길이와 태양의 이론에 대한 학설들을 수집했다. 3권은 히파르코스의 이론이 주류를 이루었다. 그러나 프톨레마이오스는 히파르코스의 위대함을 한마디도 언급하지 않은 것은 물론 히파르코스의 학설을 인용한 사실조차 밝히지 않았다.

프톨레마이오스의 『알마게스트』

『알마게스트』의 4권에는 한 달의 길이와 달의 운동 법칙을 실었다. 여기에는 프톨레마이오스의 가장 중요한 발견이라고 말할 수 있는 제2 부등식에 대한 내용이 자세하게 설명돼 있었다.

5권에는 주요 천문 기구의 이용과 구조에 대하여 설명했다. 그리고 태양과 달의 거리를 상세하게 기록했다.

6권에는 태양과 달이 만나는 관계에 대하여 서술했다. 7권과 8권에는 별의 목록과 세차 운동을 묘사했다. 항성표에는 1,022개의 별을 기록했다. 프톨레마이오스의 항성표는 그가 알렉산드리아에서 본 별이 아니라 히파르코스가 로도스에서 본 것이 대부분이었다.

프톨레마이오스가 『알마게스트』 집필을 끝낼 무렵 한 친구가 찾아왔다.

그동안 책과 씨름하느라 외로운 전투를 치른 그는 친구의 방문이 너무나 반가웠다. 친구에게 차를 내놓으며 그동안의 고통과 책 내용 등을 늘어놓았다.

"독자들이 나의 걸작을 이해할 수 있을까?"

그의 친구는 『알마게스트』를 이해하고 있는 눈치였다.

"'지구는 구형이다. 그것은 하늘의 중심에 있는데 하늘의 공간에 비해서는 하나의 점에 불과하다. 지구는 고정돼 있어서 움직이지 않지만 여러 별들은 원 궤도를 그리면서 운동한다'는 것이 자네의 저서가 담고 있는 핵심이 아닌가?"

아리스토텔레스의 신봉자 행세를 한 프톨레마이오스는 실제로는 히파르코스의 해설가였다. 1년의 길이는 365일 5시간 55분이며 지구가 달보다 39배 크다는 설 등은 히파르코스의 값을 그대로 인용한 것이었다.

그는 히파르코스를 모방하기만 한 것이 아니고 히파르코스가 정립한 별의 밝기 등급을 나누는 방법을 크게 개선하는 등 히파르코스의 가르침을 보완하기도 했다.

한편 훌륭한 수학자이기도 한 프톨레마이오스는 유클리드 기하학을 응용해 초기 그리스 천문학의 많은 부분을 분석하고 재해석하는 작업을 했다. 그는 아리스토텔레스를 지지하고 아리스타르코스의 학설에 절대적인 반대 입장을 표명하며 고대 천문학을 완성시켰다.

48개의 별자리 완성

로마를 비롯해 알렉산드리아의 궁녀들과 귀족 부인들 사이에 금과 은을 이용해 별자리를 새긴 장식품 만들기가 널리 유행했다.

어느 날 프톨레마이오스도 상류 사회에서 유행하는 별자리 장식품을 볼 기회가 있었다. 장식품마다 밤하늘의 별자리가 달랐다. 그는 신화 속의 인물들로 꽉 찬 별자리를 모아 보기로 결심했다.

프톨레마이오스는 먼저 황도 12궁의 별자리를 들은 대로 그려 보았다. 황도 12궁이란 춘분점을 기준으로 황도의 둘레를 12등분해 배치한 별자리를 말한다. 양, 황소, 쌍둥이, 게, 사자, 처녀, 천칭, 전갈, 사수, 염소, 물병, 물고기가 하늘에 삥 둘러서 있었다.

"이건 완전히 동물 농장이구먼."

그다음 북쪽 하늘에서 볼 수 있는 48개의 별자리를 모았다. 그 가운데는 오리온, 헤라클레스, 페르세우스, 카시오페이아 등을 표시했다.

"오리온은 별자리의 황제인데 어떻게 그릴까?"

프톨레마이오스는 신화 속의 오리온을 머리에 떠올렸다. 오리온은 힘센 거인 사냥꾼으로 바다의 신 포세이돈의 아들이었다. 달의 여신 아르테미스와는 사랑하는 사이였다. 오리온이 자신의 힘을 믿고 나날이 기고만장하자 이를 보고 있던 헤라가 보낸 전갈에 물려 죽었다는 전설이 있다. 그러한 이유에서인지 오리온은 전갈자리가 등장하면 서둘러 하늘 너머로 도망친다.

프톨레마이오스는 그리스 신화에 나오는 카시오페이아를 하늘의 별들을 모아 새긴 그림이라고 생각하고 조상들의 상상력을 칭찬했다.

거꾸로 매달려 있는 카시오페이아는 허영심이 넘쳐 자신의 미모를 바다의 요정들과 비교하며 날로 교활하게 굴다가 추방당한 왕비를 본뜬 것이다. 카시오페이아의 방자함에 분노한 요정들은 바다의 마귀 티아마트를 보내 에티오피아의 해안을 황폐하게 만드는 저주를 내렸다. 에티오피아의 케페우스 왕은 신들의 노여움을 풀기 위해서는 안드로메다 공주를 제물로 바쳐야 한다는 계시를 받았다. 제물이 된 안드로메다는 용감한 페르세우스에게 극적으로 구출되지만 왕비 카시오페이아는 포세이돈의 미움을 받아 하늘로 귀향살이를 떠난다. 케페우스 왕, 안드로메다 공주, 페르세우스 등에 둘러싸인 카시오페이아는 매일 밤 머리를 숙여 겸손을 배우도록 거꾸로 매달린 신세가 되었다.

프톨레마이오스는 페르세우스 자리를 그릴 때 상상력을 마음껏 발휘해야 했다.

페르세우스는 그리스 신화의 슈퍼스타로서 아름다운 부인 안드로메다 공주가 항상 곁에 있고 장모로 카시오페이아 왕비, 장인으로 케페우스 왕을 둔 행운아였다.

페르세우스는 아르고스국의 다나에 공주가 낳은 아들이었다. 아크리시오스 왕은 딸 다나에 공주가 아기를 낳으면 커다란 재앙을 몰고 온다는 신의 계시를 들었다. 그래서 철제 탑 속에 공주를 가둬 버렸는데 이를 지켜본 호색가 제우스가 황금의 비로 변신해 성탑에 들어가 다나에와 사랑을 나누게 되었다.

제우스와 사랑에 빠져 페르세우스를 잉태한 다나에는 성에서 추방당했다. 두 모자는 파란만장한 일생을 보내는데 다나에를 사모한 폴리데크테스 왕은 페르세우스를 제거하기 위해 괴물 메두사와 격투를 벌이도록 했다.

그러나 페르세우스는 메두사를 물리치고 개선장군이 되었다. 페르세우스는 귀향할 때 부인이 되는 안드로메다를 바다의 마귀들로부터 구출하고 행복하게 살았다는 신화가 있다.

프톨레마이오스는 고대 천문학을 완성한 위대한 천문학자일 뿐 아니라 지리학의 원조이기도 하다. 그는 관측 천문학을 도입한 지도를 최초로 그린 선구자이다. 프톨레마이오스의 『지리학』은 지리학의 '알마게스트'로서 그가 남긴 3대 업적 중 하나이다.

그리고 해시계 설명서인 『아날레마』도 그의 작품이다.

■ 두 거성이 사라지다

180년은 지중해의 역사에서 유난히 우울한 한 해였다. 지중해의 높은 하늘에서 두 개의 거성이 자취를 감추었다. 우주의 복음사가 프톨레마이오스가 78세를 일기로 세상을 떠났고 5현제의 마지막 황제 마르코스 아우렐리우스가 운명했다.

이집트의 알렉산드리아에서 활동한 천문학자, 수학자, 물리학자 및 지리학자로서 최대의 업적을 남기고 일생을 마감한 프톨레마이오스의 무덤에는 고대 천문학의 완성편인 『알마게스트』를 비롯해 『지리학』, 『광학』 등 보물급 장서가 함께 묻혔다.

한편 마르쿠스 아우렐리우스 황제 시대가 끝난 로마는 최대 황금기의 마지막 장을 마감하고 역사 속으로 사라지기 시작했다.

사치와 향락의 도시 로마는 노예제 확산이 몰고 온 중병에 시달리게 되었다.

로마의 노예는 인간 취급을 받지 못했으며 소나 말과 같은 생활의 도구였다. 전쟁 포로가 대부분이었다. 집단 수용소에 수용된 노예들은 죽도록 일만 했다. 짐승과 다르지 않았다.

소유주들은 늙고 병든 노예들을 길거리에 내다 버렸다. 화려한 로마의 뒷골목은 늙은 노예들의 소굴이었다. 이따금 시체도 나뒹굴었다. 그들은 로마 정부가 지원한 빈민 구호소의 식량으로 끼니를 겨우 연명했다.

그러나 로마의 모든 생산 활동은 노예에 의해 이루어졌다. 로마의 노예는 호화스러운 생활을 위한 도구나 다름없었다.

대부호들은 수많은 노예들을 거느렸다. 문지기, 침상 가마 운반꾼, 급사, 시종, 가정교사 등은 물론 특별한 일만 하는 노예들을 두기도 했다.

프톨레마이오스의 세계지도

심지어 영주들이 목욕할 때 몸만 닦아 주는 노예와 영주의 샌들만 신기는 노예도 있었다.

그리고 검노가 있었는데 로마 시민들에게 오락거리를 제공하는 데 이용되었다. 로마 콜로세움 경기장 주변에서 검노 매매가 활발했다.

콜로세움에서는 잔혹한 로마 시민들을 만족시켜 주기 위해 검노들의 검투사 경기가 매일 열렸다. 검노들은 손에 쇳덩어리나 납덩어리를 감고 경기를 펼쳐 다른 한쪽이 죽어 쓰러질 때까지 싸워야만 했다. 콜로세움 출입구는 항상 잔인한 검투사 경기를 구경하러 온 인파로 인산인해를 이뤘다.

검노들은 유죄 선고를 받은 죄인이나 힘이 센 노예들이 대부분이었는데 지원자도 상당히 많았다.

그중에는 귀족 출신들도 있었다. 마지막 5현제 마르쿠스 아우렐리우스의 아들 코모도스는 군중으로부터 환호와 갈채를 받기 위해 경기장에 나서기도 했다. 코모도스는 때때로 광적인 발작을 일으켰고, 결국 친위대 대장에게 살해될 만큼 과대망상증 환자였다.

한편 로마의 상류층에서는 스토아 철학과 에피쿠리아니즘에 매력을 느꼈다. 마르쿠스 아우렐리우스 황제는 스토아 철학자 출신이기도 했다.

기존 종교는 형식에 치우치고 기계적이며 의무와 자기 희생을 요구했다. 평민들은 새로운 이상을 가진 종교의 출현을 기다리고 있었다. 이때 많은 종교가 동방에서 로마로 물밀듯이 밀려들고 있었다.

어둠의 자식

이미 지중해는 그리스도교 시대에 접어들었다. 그리스도교의 전파는 삽시간에 이루어졌다. 바울의 전도가 가장 눈에 띄었다. 한때 그리스도교를 몹시 반대하였던 그는 예수가 십자가에 못박힌 뒤 크나큰 정신적인 변화를 겪고 개종한 사람이었다.

바울은 소박하게 생활하였고 억압받고 가난하고 굶주린 사람들의 편에 서서 인간의 본질적인 가치를 설파한 인간 예수를 증언했다. 그의 설교는 감동적이어서 가는 곳마다 군중이 무리를 이루었다. 그는 동지중해 연안의 아테네, 코린토스, 로마 등지를 순회하면서 많은 신도들을 격려하다가 네로 황제 때 로마에서 순교했다.

부정부패를 일삼는 국가의 정책과 병역의 의무를 거부한 그리스도 교인들은 탄압과 박해를 받아야 했다.

1세기 후반부터 4세기 초의 로마 황제들은 그리스도교인들에게 크고 작은 박해를 일삼았다.

그런 상황 속에서도 그리스도교는 비밀 지하 조직을 갖추고 굳건히 명맥을 이어 나갔다.

종교의 전문성과 교회 행정을 발달시켜 성직 계급 제도와 교구제를 도입해 2세기에는 주교의 지위가 강화되었다. 성직자가 직능에 따라 분리되는 등 계급 제도가 점차 확립되었다.

교리의 확립에 따라 성서의 편찬도 활발했다. 성서의 편찬은 1세기 말에 시작되었는데 160~170년경에는 네 복음서가 모두 나왔다. 2세기 말에는 마침내 오늘날과 비슷한 『신약성서』가 출현했다.

그리스도교가 지하에서 지상으로 올라올 무렵 과학은 종교에 밀리기 시작했다.

한편 그 당시 첨단 과학인 천문학은 프톨레마이오스의 죽음과 더불어 고대를 마감하고 있었다. 종교란 이름을 가진 중세 암흑기의 거대한 공룡은 고대 천문학을 비롯해 모든 과학을 통째로 삼켜 버렸다.

그리스도교는 신이 창조한 지구가 우주의 중심이라는 아리스토텔레스의 주장만을 지지하였다. 그리스도교의 지도자들은 다른 이론은 일절 허용하지 않았다.

권력의 줄다리기에서 패배한 과학은 어두운 공룡의 뱃속에서 1,500여 년간 갇혀 지내야 했다.

수많은 과학자들이 지구중심설을 반박하다가 종교 재판의 화형대에서 사라졌다. 그들에게 붙여진 죄명은 한결같이 신을 두려워하지 않는다는 것이었다. 어둠의 자식이 된 서양 천문학이 공룡의 뱃속에서 탈출을 시도한 것은 르네상스의 열기가 한창 무르익은 중세 말기였다.

클라우디오스
프톨레마이오스
인터뷰

우주의 복음사가 프톨레마이오스는 알렉산드리아 시대의 천문학사에 종지부를 찍었다. 상 이집트 출신으로 로마 시민권을 가지고 있던 프톨레마이오스는 고대 천문학을 집대성한 『알마게스트』를 비롯해, 『지리학』, 『광학』 등 많은 책을 펴내면서 학문의 종가로 우뚝 서게 되었다.

'천체는 신적이고 영원하기 때문에 천체의 운동은 한결같으며 원형으로 이루어져야만 한다'는 아리스토텔레스의 명제가 부동의 진리로 확고하게 자리 잡을 수 있도록 큰 몫을 했다. 이는 아리스타르코스의 태양중심설이 정확한 근거를 제시하지 못하고 우물쭈물하던 사이에 벌어진 어처구니없는 사건으로, 시시비비가 지속될 여지를 남겨 두고 있다.

불후의 명작인 『알마게스트』는 프톨레마이오스가 천문학과 삼각법을 폭넓게 확장시켰음을 입증한 역작이다. 그리고 이 책에서 태양과 달 그리고 행성들의 겉보기 운동을 지구중심설로 통일하기 위해 주전원 이론을 확립했다. 삼각법은 히파르코스가 삼각형을 측정하는 방법을 고안한 것이다.

그러나 일각에선 그의 우주론이 플라톤과 아리스토텔레스의 이론을 복창하는 수준이란 혹평을 내리기도 한다. 『알마게스트』의 일부 내용에 따르면, 1년의 길이는 365일 5시간 55분으로 기록돼 있다. 지구와 달까지의 거리를 지구 반지름의 59배, 120배로 주장하였는데, 이는 히파르코스의 값을 재확인하는 수준에 그친 것에 불과해 아쉽다.

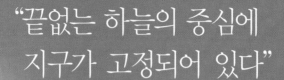

"끝없는 하늘의 중심에 지구가 고정되어 있다"

▲ 화성과 같은 외행성이 몇 달 주기로 뒷걸음치는 역행 현상을 어떻게 해결할 수 있을까요?

– 화성이 어느 날 갑자기 뒷걸음질치는 현상이 이상한 것은 사실이다. 이 괴이한 현상을 해결하기 위해 작은 원형인 주전원을 도입하여 설명하면 대충 맞아떨어진다. 천체들이 지구를 중심으로 원운동을 하도록 신이 만든 것을 내가 뜯어고칠 수는 없지 않은가.

▲ 고대인들의 우주관에서 오히려 후퇴하였다는 평을 받고 있는데……

– 지구는 구형이고 하늘의 중심에 있는데, 하늘의 공간에 비해서는 하나의 점이라 볼 수 있다. 지구는 붙박이처럼 고정돼 있고, 여러 별들은 원 궤도를 그리며 운동한다.

무세이온

무세이온은 이름대로 학문과 예술의 여신
인 아홉 명의 뮤즈를 제사 지내는 신전 겸
국립과학연구소였다. 거기에는 천문 관측
을 위한 공간도 따로 마련되어 있다. 알렉
산드리아의 무세이온은 프톨레마이오스
왕조 때 학문 진흥 정책의 하나로 지식의
보존, 발전 및 보급을 담당했다. 국비로 운
영한 이곳은 저명한 과학자를 초빙하여 연
구와 교육을 장려하고, 숙박 시설과 식사
를 무료로 제공했다. 특히 이곳에는 60만
권의 장서를 갖춘 알렉산드리아 도서관이
있어서 서지학 · 천문학 · 기하학 · 화학 등
의 연구 인력을 배출하는 메카가 되었다.

율리우스력

율리우스 카이사르가 이집트를 원정했을
때, 그곳의 간편한 역법을 토대로 하여 기
원전 45년에 로마력을 개정하였는데, 이
것이 율리우스력이다. 이 달력은 달의 운
동에 따른 계절 변화를 반영하지 못하는
등 태음력의 많은 문제점을 해결할 수 있
었다. 알렉산드리아 천문학자 소시제네스
가 초빙돼 율리우스력을 개정하는 데 주
역이 되었다.

『아날레마』

프톨레마이오스의 저서인 이 책은 특정한
형태의 해시계를 설계하는 데 필요한 복
잡하고 실제적인 기하학에 대한 설명서이
다. 현재는 그리스어를 번역한 중세 라틴
어 본만이 남아 있다.

프톨레마이오스 씨에게

프톨레마이오스 씨, 고대인들의 사상의 정수를 모아 놓은 『알마게스트』 한 권만으로도 부족하여 『지리학』까지 펴내셨다고 들었습니다.

『지리학』에는 세상의 5,000군데의 경도와 위도까지 표시했다는 소문도 들었습니다. 바다·강·산까지 꼬박꼬박 기록하셨다는데 정말 대단합니다.

나일 강의 원류에 대한 정확한 설명은 사람들을 놀래켰다는데 특히 아시아 지역을 자세히 연구하였다는 소식을 듣고 무척 반가웠습니다.

프톨레마이오스 씨가 유프라테스에서 박트리아를 넘어 중국에 이르기까지 높은 산맥을 지나가는 육로 등을 자세히 서술한 것도 자랑거리랍니다.

사람들은 이 책이 과학적인 지도 제작의 수학적 기초를 확립했다고 난리랍니다.

그리고 앞으로 수세기 동안 지도 제작의 교본이 될 것이라고 떠들썩합니다.

> **"**
> 나는 『천체의 회전에 대하여』에 대한 공표를 미뤘다.
> 나의 견해가 너무 새로웠고
> 세상으로부터 경멸의 대상이 될지도 몰라서
> 출판을 미루며 자제했던 것이다.
> **"**

who?
1473~1543

폴란드의 천문학자로 태양중심설을 주장했다.
그는 『천체의 회전에 대하여』를 집필하며 태양중심설을 확신했다.
그러나 그가 생각한 태양계는 현재 우리가 생각하는 태양계와는 다르다.
궤도는 원이라고 했으며 지구의 공전과 자전에 관한 증거도 찾지 못했다.

니콜라우스 코페르니쿠스 Nicolaus Copernicus

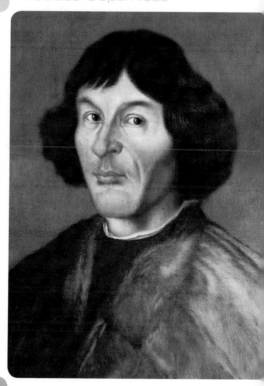

태양중심설 밝힌
우주의 혁명가

최후의 순간

16세기 중엽, 짙은 안개 속에 잠긴 발트 해 해안의 모래언덕 사이로 하구가 보인다. 하구에는 프라우엔부르크라는 작은 도시가 자리 잡고 있다. 붉은 벽돌 지붕을 이고 있는 언덕 위 성 안에 자리 잡은 성당은 첨탑이 우뚝 솟아 있어 장엄하기 이를 데 없다.

　5월 프라우엔부르크의 성당 안에선 한 노인이 중풍으로 부자유스러운 몸을 긴 의자에 기대고 조용히 눈을 감고 있었다. 벌써 네 시간째였다.

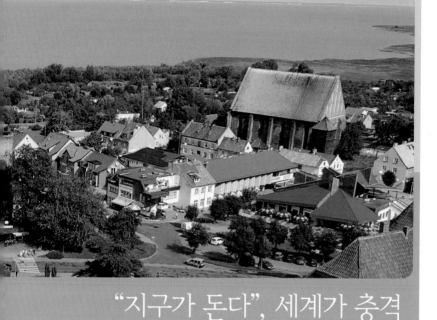

"지구가 돈다", 세계가 충격

노인의 눈언저리 근육이 격렬하게 경련을 일으키기도 하고 때때로 가느다란 실눈을 뜨기도 했다. 지나간 과거를 긴 시간 동안 회상하고 있는 노인은 바로 위대한 우주 혁명가 코페르니쿠스였다.

코페르니쿠스의 나이 만 70세였다. 그는 저세상으로 갈 날이 얼마 남아 있지 않음을 알고 있는 듯했다.

이때 뉘른베르크에서는 어마어마한 대역모가 진행되고 있었다. 역모는 은밀하게 이뤄졌다. 뉘른베르크 시내 뒷골목에 자리 잡은 어둠침침한 인쇄소에서는 가느다란 램프 불빛만이 골목길로 새어 나오고 있었다.

두 중년 남자가 귓속말을 주고받고 있었다.

“레티쿠스, 그동안 수고하셨습니다.”

“안드레아스 오시안더, 단 한 장이라도 밖으로 새어 나가지 않도록 최선을 다하시길 바랍니다.”

“네, 명심하겠습니다.”

“아리스토텔레스가 이 책을 읽었다면 생각을 바꾸었을 것입니다. 이처럼 중요한 사실을 감춰 두어서는 절대 안 되고말고요.”

뉘른베르크에서는 코페르니쿠스의 『천체의 회전에 대하여』를 펴내고 있었다.

그런데 인쇄소 밖에서는 면죄부 사건과 관련하여 교회의 부조리를 규탄하는 집회가 연일 산발적으로 일어나고 있었다. 작은 규모였다.

한편 아리스토텔레스를 거쳐 프톨레마이오스에 의해 집대성된 지구 중심설이 성서의 진리로 2,000년의 역사와 전통을 자랑하며 가톨릭 교회의 지지를 받고 있었다.

코페르니쿠스도 이러한 사회 분위기를 감안해 『천체의 회전에 대하여』의 서두를 아리송하게 써 나갔다.

“물체의 자연스러운 모양은 아침 이슬과 같이 둥근 모양이어야 한다”는 아리스토텔레스의 가르침을 인용하며 시작했다.

“천체의 운동은 원운동의 조합으로 표시된다. 달이나 태양의 운행이 빨라졌다 늦어졌다 하는 것은 지구가 회전의 중심이라 하더라도 원운동의 조합만으로 설명되지만, 행성들이 서쪽에서 동쪽으로 이동하는 순행, 때때로 한곳에 머물러 있는 현상인 유(留), 그리고 동쪽에서 서쪽으로, 반대 방향으로 움직이는 역행, 또 이 행성들이 크게 보이다가 작게도 보이는 것 등은 분명히 행성과 지구의 거리가 변하기 때문에 생겨나는 현상이므로 지구가 회전의 중심이 될 수는 없다. 프톨레마이오스는 지구가 자전한다고 가정하면 지상의 물체들은 지구의 자전으로 인한 태풍 때문에 날려 갈 것이라고 말했는데, 지상의 공기가 지구와 함께 자전한다고 생각하는 편이 오히려 합리적이다."

코페르니쿠스에게 책이 전달된 것은 며칠 뒤였다. 코페르니쿠스가 지은 『천체의 회전에 대하여』란 책은 모두 여섯 권으로 편집되었다. 코페르니쿠스는 1권부터 차례차례 열어 보았다.

1권은 지구의 형태와 태양중심설의 타당성을 역설했다. 코페르니쿠스는 1권을 덮으며 말했다.

"태양은 임금님처럼 떠돌이별 가족을 지배하고 있지. 지구는 여섯 개의 떠돌이별 중의 하나에 지나지 않아."

지구는 움직이지 않는다고 믿고 있는 사람들에게 지구가 아니라 태양이 세계의 한가운데를 차지하고 있다고 주장하는 것은 목숨을 내건 모험이나 다름없었다.

그는 이 첫째 권에서 지구는 태양의 둘레를 원운동하고 있는 다른 행성과 똑같은 행성이라고 주장하였다. 다시 말해 그는 그 시대의 사람들처럼 태양을 행성으로 보지 않고 우주의 중심이라고 생각했다.

2권을 집었다. 거기에서는 태양중심설의 근거가 될 수 있는 행성의 운동과 행성들의 겉보기 위치에 대해 설명했다.

"지구는 금성과 화성 사이의 일정한 원을 돌고 있다는 사실을 사람들에게 알려야 할 텐데. 이런 오해가 얼마나 많은 사람을 괴롭힐까?"

그는 태양을 한가운데 못박아 놓고 행성을 수성, 금성, 지구, 화성, 목성, 토성의 순서대로 나열하였다. 한 행성이 궤도를 한 번 도는 데 걸리는 시간은 그 궤도가 길면 더 길어졌다. 이 궤도는 아리스타르코스가 1,800년 전에 이미 제시했지만 사람들에게 비난받다가 이제는 기억 속에서 사라진 지 오래되었다.

코페르니쿠스가 고안한 우주의 배치도는 흠 잡을 데 없이 훌륭했다.

그것은 단번에 모든 모순들을 제거해 버리고 천문학자들을 고민하게 만든 숱한 문제점들을 해결해 줄 수 있었다.

실제로 그들은 1년의 길이를 정확하게 계산하지도 못했다. 오랜 세월을 거치며 뒤죽박죽이 되어 버린 달력은 손도 쓸 수 없었다. 천체의 운동을 계산할 때마다 이 사람 저 사람이 제멋대로 수정해서 엉뚱한 계절표를 만들어 내곤 했다. 계절과는 전혀 맞지 않는 이상한 달력들이었다.

이는 천문학자들의 연구 중에 천체 운동에 대해 일치하는 점이 전혀 없고 우주의 모습이나 우주를 이루는 각 천체들의 관계 등이 당시까지는 전혀 밝혀지지 않았기 때문이었다. 천문 현상을 설명하기 위해 어떤 과학자는 동심원을, 다른 과학자는 이심원이나 주전원을 동원해 바라는 목적을 달성하려고 심사숙고했다. 그러나 모두 허사였다.

3권은 세차에 대해 논했다. 지축이 천구에 대해서 2만 6,000년 주기로 회전한다고 하는 고대의 학설을 태양중심설의 입장에서 설명한 내용을 담고 있었다.

또한 코페르니쿠스는 달이 지구 반지름의 59배에 해당하는 곳에 있으며, 달의 겉보기 크기는 거리의 변화에 따라 8분의 1 정도 달라진다는 내용들을 담은 4권을 펼쳤다.

5권과 6권에서는 행성의 운동에 관해 자세히 논했다. 내용들은 재미있고 간단명료했다.

코페르니쿠스는 행성의 공전 주기를 계산했다. 이 식에 의해 코페르니쿠스는 목성의 주기를 계산했다. 그 값은 12년이었다.

코페르니쿠스는 이와 같이 해와 지구의 거리를 1로 잡았을 때 수성은 0.36, 금성은 0.72, 화성은 1.5, 목성은 5 그리고 토성은 9로 계산했다.

망원경도 없던 시대에 얻은 값치고는 매우 정밀했다. 20세기에 측정

『천체의 회전에 대하여』

했더니 목성은 5.2, 토성은 9.5였다.

코페르니쿠스는 프톨레마이오스의 설이 지배적인 천문학 세계에 도전장을 던진 셈이었다. 프톨레마이오스의 설이 정립된 지 1,400여 년이 지난 뒤에야 코페르니쿠스는 우주의 운동에 대해 완전히 다른 개념을 들고 나왔다.

그러나 코페르니쿠스도 모든 천체들이 원운동을 한다는 아리스토텔레스의 이론을 고수하였고 2,000년 가까운 전통에서 완전히 벗어나지 못한 한계를 보였다. 코페르니쿠스도 당시의 과학자와 마찬가지로 신비주의자로 남기를 원했다.

"하늘보다 더 아름다운 것이 무엇이 있겠는가?", "이렇게도 고고한 숭고함 때문에 철학자는 그것을 보이는 신이라 부른다", "태양은 우주 한가운데에 고요히 머물러 있다. 이 아름다운 전당에 사방을 비출 수 있는 장소 이외에 어디에다 이 램프를 둘 수 있겠는가?"라는 등 태양을 신적인 존재로 묘사하는 데 인색하지 않았다.

코페르니쿠스에게 『천체의 회전에 대하여』가 도착한 것은 죽음을 맞이하기 직전이었다. 그에게는 자기가 지은 책을 다시 한 번 넘길 힘마저 남아 있지 않았다. 이는 매우 다행스러운 일이었다. 신 모독죄로 몰릴 염려가 없었기 때문이다.

친절한 동반자

노인의 희미한 기억 속에 30여 년 전의 일이 떠올랐다. 로마의 시인 호라티우스가 "9년이 지난 뒤에 출판하라"고 했다던 이야기의 의미를 되새기고 있었다.

노인은 책이 완성되기도 전에 피해망상에 시달려야 했다. 책이 아직 만들어지지도 않았는데 코페르니쿠스가 이상한 이야기를 하고 돌아다니며 젊은 사람들을 미혹시킨다는 헛소문이 나돌았다.

그 소문은 어디선지도 모르게 흘러나가 벌써부터 얼굴을 찡그리는 무리가 나타났다. 그들은 태양을 가만히 두고 지구가 움직인다고 하는 못된 천문학자의 주리를 틀어야 한다고 교황청에 주장했다. 그들은 성서의 문구를 내보이며 여호와가 정지시킨 것은 지구가 아니라 태양이라고 주장했다.

한편 이탈리아에서는 교회가 비판을 금지한 것을 비판할 수 있어야 하며, 의심이 금지된 것을 의심할 수 있다는 르네상스 사상이 싹트고 있었다. 그러나 생각하고 있던 것을 그대로 쓸 수는 없었고 인쇄는 더욱 어려운 형편이었다.

주교 회의가 시작되기 전에는 물샐틈없이 문을 꼭꼭 걸어 잠갔다. 사람들이 종교 재판에 대단히 관심을 갖고 있어서 재판 내용이 새어 나갈까 우려했기 때문이었다.

30여 년의 세월이 지나갔다. 책을 출판할 기회만 노리고 있는 코페르니쿠스에게 상황은 더 악화되어만 가고 있었다. 프라우엔부르크에는 새로 임명된 호시우스 박사라는 대성당 참사회원이 등장했다. 호시우스 박사는 이단자에게는 악명 높은 '망치'였다. 그는 가는 곳마다 이단자에게 망치를 휘둘러 댔다.

프라우엔부르크에 온 이단 킬러는 얼마 지나지 않아 코페르니쿠스의 이상한 행동을 발견했다. 그는 코페르니쿠스의 손놀림 하나하나까지 조사해 주교에게 보고했다. 드디어 호시우스가 코페르니쿠스를 불렀다.

"코페르니쿠스, 나는 하느님의 이름으로 당신에게 명령합니다. 당장 악마의 악령에서 손을 씻으시오."

코페르니쿠스는 호시우스가 감시하는 눈길을 피할 수가 없었다. 사람들은 그의 옆에 서는 것마저 피했다. 코페르니쿠스가 성당의 정원을 거닐다가 마주친 사람들에게 아침 인사라도 할라치면 종종걸음으로 비켜 갔다.

그는 모든 사람에게서 외면당할 수밖에 없었다. 그와 이야기라도 나누다가는 의심을 받아 파면당할지도 모르기 때문이었다. 어느 젊은 참사회원 한 사람은 코페르니쿠스의 편이었는데, 신앙심이 없다는 죄명을 뒤집어쓰고 결국 추방당했다.

성당 안에서 두문불출하는 그에게는 의지가 되는 먼 친척 부인이 있었다. 그런데 그녀와도 헤어지지 않으면 안 되었다. 참사회원의 가정에

가는 곳마다 잠들어 있는 사람들의 눈을 뜨게 한 『천체의 회전에 대하여』

여자가 있을 장소가 없다는 결정이 내려졌기 때문이다.

　그는 이처럼 모든 사람들로부터 철저히 외면당하고 고독의 바다에 빠져 익사하기 직전이었다. 이렇게 어두운 바다에 하나의 기적이 찾아들었다. 게오르그 요하임 레티쿠스라는 젊은 수학 교수였다.

　"선생님, 소문만 무성할 뿐 정작 책은 나오지 않아 더 이상 기다릴 수가 없어 원고라도 읽고 싶어 달려왔습니다. 허락해 주십시오."

　외로운 노인은 아무런 말도 없이 그에게 너덜너덜한 원고 뭉치들을 꺼내 놓았다. 원고를 다루는 그의 손가락은 갓난아기를 만지듯 떨리고 있었다. 원고지는 누렇게 탈색돼 있었다. 긴 세월 동안 빛을 보지 못했음을 말해 주고 있었다.

모서리가 닳고 닳은 원고를 받아 든 레티쿠스는 단숨에 읽어 내려갔다. 그리고 감동했다. 그는 코페르니쿠스를 설득했다.

"더 이상 인쇄를 늦춰서는 안 되겠습니다. 지금 세상에는 선생님의 원고가 책으로 엮여 나올 날을 기다리는 뜻 있는 소장파들이 많습니다."

"도표만 발행하는 편이 말썽이 덜하지 않을까? 일반 천문학자는 여기에 있는 계산으로 도움을 얻을 수 있으니. 주피터가 은혜를 베푼 사람이라면 이 도표들을 보고 세계의 새로운 체계를 스스로 발견해서 끄집어낼 것으로 생각하지만 말이야."

"아닙니다. 몰지각자, 사기꾼, 모략자들과 전투를 시작해 선생님의 위대함을 보여야 합니다."

레티쿠스는 새로운 것을 두려워하는 겁쟁이들을 원망했다.

"천문학자가 하늘의 여러 가지 현상을 휘두르고 있는 것이 아니라 하늘의 여러 가지 현상이 천문학자 위에 군림하고 있을 뿐입니다. 아리스토텔레스, 프톨레마이오스라도 무덤에서 살아난다면 자기가 생각했던 오류에 매달리지는 않을 것입니다."

복병

코페르니쿠스는 이탈리아에서 유학한 기간을 빼고는 조국에서 성직자와 천문학자와 의사로서 일생을 보냈다. 오로지 교회와 사회를 위해 봉사한 시골 신부였다.

그 당시 교회는 부와 권력과 명예를 모두 갖춘 선택받은 엘리트들의 전당이었다. 교회는 모든 사람에게 십일조를 요구했다. 새로 지은 큰 창고마다 신자들에게서 걷은 십일조로 가득 찼다. 밀, 보리 등 곡식을 받는 녹색 십일조, 가축을 받는 붉은 십일조 등이 있었다.

한편 프랑스와 영국은 성주의 보호 아래 농업 기술을 사용해 농사가 번창했다. 식량 생산량이 급증해 문명의 상징인 잉여 농산물이 탄생했고, 사회는 안정되었다. 부유해진 유럽 교회는 수명이 짧은 나무 대신 대리석을 이용해 교회를 건축했다. 자연히 석공 기술이 발달했다.

신축 유럽 교회는 벽을 온통 유리창으로 장식해 하늘의 빛이 가득 차도록 하는 것이 유행이었다. 신이 지상에서도 살 수 있을 만큼 크게 성당을 건축하는 것이 유행처럼 유럽 전체로 번지기 시작했다. 중세의 주교들은 앞다투어 하늘과 가까운 교회를 짓고자 했다. 1063년에는 파리에 38미터의 노트르담 성당, 1225년에는 보바에 48미터 높이의 대성당을 지었다. 영국의 더럼 성당은 700마일이나 떨어진 정복자 윌리엄의 고향에서 석회암을 운반해 와 지었다.

그리고 13세기 이후 유럽은 여름 내내 뜨거운 태양빛이 계속 퍼부어 포도를 비롯해 각종 농산물의 수확이 넘쳐 흘렀다. 살기가 좋아진 시민들 사이에 출산 붐이 일어 인구가 2~3배로 늘었다. 10배까지 증가한 곳도 있었다.

성직자는 당시 사회의 엘리트였다. 그러나 코페르니쿠스 신부는 젊은 시절에도 작은 체구여서 볼품이 없었다. 동네 아가씨들의 눈길을 끌 만한 매력이라곤 하나도 없었다.

더 왜소해진 백발의 노신부 코페르니쿠스가 가죽만 남은 손으로 헌시를 쓰고 있었다. 글씨는 천하의 명필이었다. 교황 클레멘트 7세에게 헌정한 서문에는 이 책의 저술 동기와 그 사정이 쓰여 있었다. 이 화제의 책이 인쇄되기까지 36년이란 세월이 걸린 사연도 실려 있었다. 헌시를 쓰고 있는 노신부의 입가에서는 엷은 미소가 흐르고 있었다.

"교황 성하, 이 졸저를 바칩니다. 성스러운 아버지시여! 이 책 속에서 저는 지구가 움직이고 있다는 말을 했습니다. 그런데 이 사실을 듣자마자 저를 중죄인으로 다스려야 한다고 주장할 사람들이 있다는 것을 잘 알고 있습니다.

실은 참신할 수도 있고 어리석어 보일 수도 있는 제 생각이 멸시를 받아서는 안 되겠다고 생각해 그대로 간직할 작정이었습니다. 그런데 주위에서 이 책을 출판하라고 권하는 친구들이 있습니다. 다른 학자나 지식인들도 마찬가지입니다. 그들은 천문학자와 수학자들의 이익을 위해서 반드시 제 작품을 출판하지 않으면 안 된다고 주장합니다.

한편 다른 천문학자와 수학자는 지구가 움직인다는 제 생각에 반대 의견을 가지고 있습니다.

성스러운 아버지, 제가 수많은 밤을 새우며 이룩한 노력의 열매를 세상에 내놓을 결심을 하게 된 데 대해 그다지 놀라시지 않으리라고 생각합니다.”

코페르니쿠스는 인류 역사가 시작된 이래 인간이 경험한 것 가운데 가장 혁명적인 사상이 담긴 『천체의 회전에 대하여』 전 6권을 클레멘트 7세에게 맨 먼저 보냈다.

코페르니쿠스는 천문학의 개혁 구도를 설명할 때 논쟁거리가 될 만한 것과 성서와 종교의 관념에 반대되는 것들은 모두 빼버렸다. 슬기로운 처사였다.

그래서 교황은 이 혁명가의 사상집을 보고도 말 한마디 없었다. 오히려 역법의 개정에 도움이 될 만한 책이라고 감동 어린 기대를 하기도 했다. 코페르니쿠스는 이를 미리 간파하고 있었다. 그는 혼잣말로 중얼거렸다.

“교회는 나의 노작에서 다소의 이익을 얻을 수 있을 거야. 레오 10세 때 이루어졌던 역법 개정은 1년의 길이와 태양과 달의 운동이 정밀하게 결정되지 않았기 때문에 실패로 돌아갔지만 나는 이것을 더욱 정밀하게 결정할 수 있어. 내가 성취한 것들을 교황 성하를 비롯해 몇몇 식견 있는 수학자들은 판단할 수 있을 것이다."

일반 대중은 고사하고 자연 과학자들도 무지해서 새로운 학설에 대해 판단을 내릴 만한 능력을 가진 사람이 없었다. 그러나 복병은 예측하지 못한 곳에 숨어 있었다. 종교 개혁자인 루터가 맹렬히 비난을 퍼부었다.

서유럽의 그리스도교도는 두 진영으로 나뉘어 있었다. 한 진영은 로마 교황이, 또 한 진영은 혜성처럼 나타난 루터가 수장이었다. 하루아침에 스타가 된 독일 튀빙겐 출신의 루터는 구리 정련업자의 아들로 태어나 신부가 되었는데, 그 당시 교회의 부패상을 보고 교황에게 반기를 들었다. 그는 교회의 실정을 낱낱이 폭로하며 가톨릭 신학자들을 격렬하게 공격하고 있었다. 그런데 가톨릭 사제가 태양중심설을 갖고 나왔다는 소문이 그의 귀에 들어가자마자 코페르니쿠스를 비난했다.

"코페르니쿠스 그자가 뭘 안다고. 태양중심설이란 어리석은 낭설에 지나지 않아. 멍청한 자가 우주 전체를 뒤집어 놓으려 하고 있구먼. 그 친구는 성서도 못 보았나? 여호와가 멈추라고 한 것은 태양이지 지구는 아니란 것도 신부인 주제에 모르고 있단 말이야?"

그 뒤 지식인들 사이에 태양중심설은 차츰 확산되었다. 그러나 루터도 이 천문학상의 개혁이 교육에 영향을 끼치게 될 뿐 아니라 종교에 불리한 결과를 초래할지도 모른다는 데에는 생각이 미치지 못했다.

루터의 동료인 멜란히톤은 더욱 강한 적이었다. 그는 이 사상 초유의 개혁에 대하여 많은 부분을 이해했고 내심 우려하고 있었다. 그는 열광적인 점성가로서 자신의 자연학 교과서에서 당시의 천문학 체계를 해설했을 정도였다. 멜란히톤은 새로운 태양중심설을 용서할 수 없는 반신앙이라 매도하고 이를 억압해야 한다고 주장했다.

멜란히톤은 코페르니쿠스의 태양중심설을 혹독하게 비난했다.

"하늘이 지구의 둘레를 24시간 만에 한 바퀴 돈다는 것을 우리의 눈이 증명하고 있는데 무슨 잠꼬대 같은 소리를 지껄이는 거야."

멜란히톤은 코페르니쿠스가 죽은 뒤 6년이 지나서 발행된 저서 『자연학설 입문』에서도 그를 비난하였다.

"코페르니쿠스는 자신의 허영심을 만족시키기 위해 이미 고대에도 단순한 사고의 유희로 간주되었던 불확실한 설을 퍼뜨렸어."

나중에 멜란히톤은 이 비난을 다소 늦추긴 했지만 태양중심설을 부인하는 태도는 끝내 버리지 않았다. 그는 자연 과학의 문제를 해결하는 데 성서의 권위를 개입시켰다.

법학박사

노인 코페르니쿠스는 어린 시절을 회상하며 즐거운 표정을 지었다.

코페르니쿠스는 비스툴라 강가의 한자 동맹 도시였던 폴란드 토룬의 유복한 상인인 아버지와 유명한 정치가 집안의 딸인 어머니 사이에서 태어났다. 토룬은 뒤에 독일의 영토가 되지만 그때는 폴란드의 왕이 통치하고 있었다.

어머니는 독일계였다. 코페르니쿠스는 열 살 때 아버지를 여의고 외삼촌인 루카스 바첼로드 밑에서 자라났다. 루카스 바첼로드는 1494년에 에름란트의 주교가 된 사람으로 코페르니쿠스의 생애에 큰 영향을 미친 사람이다.

23세가 된 코페르니쿠스는 그의 친형제와 함께 이탈리아 유학길에 올랐다.

코페르니쿠스는 10년 동안 이탈리아에서 공부했는데 맨 처음에는 크라쿠프 대학에서 의학을 공부했다. 그러나 그때에는 대학 연구가 다방면에 걸쳐 있었으므로 수학과 천문학에도 정통할 수 있었다. 이탈리아 유학은 천문학에 눈뜨게 해 주었다. 천문학 분야는 포이어바흐와 레기오몬타누스가 교편을 잡고 있던 빈 대학이 명성을 떨치고 있었다.

이탈리아에서는 태양년과 맞지 않게 된 낡은 율리우스력 개량을 위해 천체 관측이 유행하고 있었다.

천체 관측은 빈 대학의 포이어바흐 교수와 제자 요하네스 뮐러가 주도하고 있었다. 천체 관측이라고 해도 눈으로 하늘의 별들을 보고 위치별로 변화를 기록하는 것이 고작이었다.

뮐러는 그리스어로 된 프톨레마이오스의 원전을 연구하기 위해 이탈리아에 갔다가 뉘른베르크에 정착하게 되었다. 뮐러는 나중에 친구가 된 베른하르트 발터를 만나 함께 천체를 관측했다. 돈 많은 상인 출신의 베른하르트 발터는 개인용 관측소뿐 아니라 인쇄 공장도 가지고 있었다.

뮐러와 베른하르트 발터는 여기서 항해력도 찍어 냈는데, 이는 스페인이나 포르투갈의 항해가들에게 커다란 도움을 주었다.

뮐러는 천체 관측에서 대기 굴절차를 고친 최초의 사람이며 천문학에 기계 시계를 처음 사용했다. 그는 달력 개량을 목적으로 로마에 갔으나 목적을 이루지 못하고 죽었다.

발터는 뮐러가 죽은 뒤에도 그의 친구이자 예술가인 알브레히트 뒤러와 함께 천체 관측을 계속했다.

한편 코페르니쿠스는 이탈리아에 머무는 동안 천문학자이자 점성술사인 도메니코 데 노바라 교수를 만났다. 그는 달력과 행성 운행표를 만들고 일식과 월식을 예보했다. 또한 길일과 흉일을 예언했는데 이 일이 좋아서가 아니라 생활비를 벌기 위해서였다.

또한 피렌체에는 메디치가의 군주 밑에 플라톤의 아카데메이아를 본뜬 학교가 세워졌다. 천문대도 건축하고 천문학 강좌도 마련되어 있었다. 코페르니쿠스는 이탈리아 유학생 시절에 천문학을 익힐 수 있는 절호의 기회가 있었다. 그리고 학생 시절일 때 이미 정확한 근대적인 관측 자료가 꽤 많이 축적돼 있었다.

1500년 11월, 코페르니쿠스는 로마에서 천문학자들 틈에 끼여 월식 장면을 처음 보았다. 이 장면에 매혹된 그는 월식의 진행 장면을 그대로 스케치했다. 월식은 환상적인 우주쇼였다.

코페르니쿠스의 우주쇼 스케치는 너무나 생생해서 보는 사람들이 경탄을 금하지 못했다. 그는 월식 관측을 강의해 참석자들로부터 많은 박수갈채를 받기도 했는데, 천문학에 천부적인 재능을 지니고 있었다.

이날 이후 코페르니쿠스는 새로운 우주 질서가 있을 것 같은 의문에 빠져들었다.

그러나 그의 전공은 법률학이었다. 그는 1503년 페라카 대학교에서 교회법 박사 학위를 받았다.

▌비망록

1512년에 코페르니쿠스는 외삼촌인 에름란트의 주교 루카스 바첼로드가 사망했다는 소식을 듣고 귀국했다. 법학 박사 학위를 받고 귀국한 그는 프라우엔부르크에 돌아오자마자 성직자가 되었다.

프라우엔부르크에 정착한 코페르니쿠스는 교회에서 미사를 집전하고 교구의 가난한 사람들에게 무료 진료활동을 펴거나 영결 미사로 나가는 것 말고는 교회 울타리를 벗어나지 않았다.

교회 일 이외에 그의 주된 관심은 새로운 우주 질서를 연구하는 일이었다. 그는 이탈리아 유학 시절에 행성들을 관측할 때 그 진행표가 예상대로 맞지 않아 잘못된 것이 있다는 사실을 알게 되었다.

1513년, 코페르니쿠스는 저녁 하늘을 관찰하기 위한 천장 없는 작은 탑을 지으려고 약 800개의 바윗덩어리와 석회를 나르고 있었다. 코페르니쿠스는 감회에 젖어 있었다.

"여기서 새로운 우주 체계를 완성하고 말 테야."

코페르니쿠스는 이탈리아에서 돌아와서부터 1543년 5월 24일 숨을 거두기까지 두세 번의 여행을 제외하고는 줄곧 담당 교구에 틀어박혀 있었다.

코페르니쿠스는 이 개인 천문대에서 매일 밤 하늘을 관측했다. 관측은 매일 밤 같은 시간에 반복되었다. 그리고 미사가 없는 평일에는 하루

코페르니쿠스가 태어난 집

종일 서고에 틀어박혀 고서를 뒤적였다.

코페르니쿠스는 밤마다 한 손에는 랜턴, 또 다른 손에는 몇 개의 자를 붙인 이상한 기구를 들고 어김없이 천문대에 나타났다. 그리고 나서 천문대 난간에 기대어 서서 밤하늘을 관찰했다. 천문대라고는 하지만 굴뚝처럼 높이 쌓은 건물 맨 꼭대기에 허리를 겨우 기댈 만한 담을 올린 것이 고작이었다. 거창한 망원경이나 천문 기기 등은 구경조차 할 수 없던 시절이었다.

그는 밤하늘에 반짝이는 별들 속에서 앵두처럼 불타고 있는 빨간 점을 주목했다. 떠돌이별인 화성이었다. 그는 밤하늘에서 화성의 높이를 측정하는 데 심취해 있었다.

연구실로 돌아온 코페르니쿠스는 선배 천문학자들이 만들어 놓은 행성 운행표가 실제 관측과 맞아떨어지지 않는 이유를 알고 싶었다. 그는 행성의 운동에 관해서 당시 통용되던 것과 다른 견해를 가진 사람이 없었는지 조사에 착수했다.

이때 키케로가 쓴 역사 책을 통해 지구가 움직인다는 것을 믿은 고대인이 있었다는 것을 알게 되었다. 주인공은 니케타스였다. 그리고 아리스타르코스와 마르티아누스 카펠라 등 몇몇 고대 과학자들이 금성과 수성이 태양을 중심으로 운동하고 있다고 주장했던 기록을 발견했다.

아리스타르코스는 태양이 중심에 있고 지구가 태양의 둘레를 1년마다 한 번씩 운동한다고 말하였다. 아리스타르코스의 이론은 코페르니쿠스의 뇌리에 박혔다.

코페르니쿠스는 마르티아누스 카펠라의 주장도 받아들였다. 이는 태양이 토성, 목성, 화성, 수성, 금성은 물론 지구의 궤도까지 포함한 커다란 행성 궤도의 중심이라고 피력한 것이었다.

이러한 고전들을 종합해 새로운 행성 배치도를 고안해 내고는 처음에 자신도 믿지 못했다.

코페르니쿠스는 매일 밤 관측할수록 지구중심설이 옳지 않다는 확신을 갖게 되었다. 그러나 코페르니쿠스가 공개적으로 자신의 신념을 공개하기에는 아리스토텔레스 신봉자들이 들끓던 사회였고, 태양중심설은 고대에도 있었지만 이를 지지한 사람들은 신 모독죄로 고발돼 불행한 최후를 맞이한 사실을 잘 알고 있었다. 고대에 뿌리를 내리지 못한 태양중심설을 이제 다시 거론한다는 것은 많은 위험이 뒤따랐다. 고민에 빠진 그는 혼자 중얼거렸다.

"나의 견해가 너무 새로울 뿐 아니라 얼핏 보아 불합리하게 여겨질 수도 있지. 섣불리 발표해 경멸의 대상이 될 수는 없어."

대신에 코페르니쿠스는 지구가 아니라 태양이 정지해 있다는 자신의 견해를 문서로 남기기 위해 비망록을 작성했다. 그리고 그 원고를 가장 친한 친구들에게만 보여 주었다. 그들 가운데는 공표할 것을 권하는 사람들도 있었다. 그는 다음과 같은 말로 반대했다.

"지금보다 이론이 확고해지거든 발표하겠네."

코페르니쿠스와 가까운 천문학자라든가 천문학에 관심이 많은 신부들은 이 비방록을 한 번씩 훑어볼 수 있었다. 비망록의 인기는 대단히 높았다. 코페르니쿠스의 비망록을 보지 못한 젊은 신부는 은밀한 대화에 끼어들 수 없었다.

비망록에는 기상천외한 내용들이 기록되어 있었다. 프톨레마이오스의 우주론이 오랫동안 누려 온 아성에 도전한 것은 물론 하늘이 매일 한 번씩 회전한다든가 태양이 1년에 한 번씩 황도를 여행한다든가 앞으로 진행하다가 거꾸로 가는 것처럼 보이는 행성들의 역행 운동 등을 설명한 대목은 너무나 실감나게 묘사되어 있었다.

그 후 이 비망록은 그의 친구들 사이에 필사본으로 유포되었다. 비망록의 인기는 점점 높아졌다. 그 가운데 레티쿠스도 끼어 있었는데, 그는 이 책에 이끌려 2년간 코페르니쿠스의 밑에서 공부했다.

코페르니쿠스는 주위 사람들이 이러한 내용을 어떻게 알아냈느냐고 물으면 항상 이렇게 대답했다.

"어느 날 관측을 하고 있는데 하늘의 질서가 고대 사람들이 말한 것과는 터무니없이 맞지 않는다는 것을 알아냈다오. 난 그 뒤로 맑은 날은 어떤 일이 있어도 관측을 했어요. 이것은 꾸준한 관측이 이뤄 낸 노력의 대가라오."

혁명가의 삶

이탈리아에서 돌아온 뒤 1543년 5월 24일에 숨을 거두기까지 성당에 틀어박혀 혁명적인 발상을 해낸 코페르니쿠스의 책장에는 천문학과 수학 책과 함께 『건강의 동산』, 『의학의 장미』와 같은 의학 관계 서적이 가득 꽂혀 있었다. 그는 천문학자일 뿐 아니라 의사이기도 했다.

밤에는 별을 노래하고 낮에는 의술 활동을 게을리하지 않은 그는 매일 아침 환자들을 돌보기 위해 교외로 나갔다. 그는 가난한 사람들을 치료해 주고 치료비를 한 푼도 받지 않았다.

한편 그가 맡고 있는 교구의 성 밖에서는 튜턴 기사단의 침략이 끊이질 않았다. 그의 일과 중의 하나는 프러시아 튜턴 기사단의 침략을 막는 일이었다. 튜턴 기사단은 성 주위의 촌락을 불태우고 과수원의 나무들을 모조리 베어 버렸으며 추수를 기다리고 있는 황금빛깔의 밭을 짓밟아 황무지로 만들어 버렸다. 그러나 성은 튜턴 기사단의 침략에 의연히 대처하였다.

이처럼 바쁜 일상 속에서도 그는 태양중심설을 서서히 발전시켰다. 프톨레마이오스가 지구를 중심으로 한 태양, 달, 여러 행성 등의 운동을 설명하기 위해 81개의 원을 사용하던 것을 그는 31개의 원만으로 완성시켰다. 그의 이론을 설명하는 데 필요한 원이 50개나 생략된 셈이다.

지구중심설대로라면 태양과 항성계가 하루에 한 번 지구를 중심으로 회전하지만, 코페르니쿠스는 지구가 하루에 한 번 자전한다고 해석했다.

그리고 지구 대신 태양을 중심에 두었다.

그러나 그도 '행성의 궤도는 원의 조합이어야 한다'는 2,000년 가까이 전해져 내려온 아테네 학파의 전통에서 벗어날 수는 없었다. 이는 그의 한계를 보여 주었다. 또한 이러한 실수는 그가 발전시킨 이론이 관측과 일치할 수 없게끔 하는 결과를 낳고 말았다.

코페르니쿠스는 끝내 당시의 과학자와 마찬가지로 신비주의자의 대열에서 벗어나지 못했다. 『천체의 회전에 대하여』에서는 태양을 찬양하는 데 수식어를 총동원했다.

1543년에 코페르니쿠스는 잠들었지만 그의 혼이 담긴 『천체의 회전에 대하여』는 이 세상에 태어나 긴 역사 탐방 길에 나섰다.

'우주 혁명가' 코페르니쿠스의 사상은 비판과 찬사를 받으며 지구촌의 시간 흐름에 탑승했다.

『천체의 회전에 대하여』는 운명의 독자들을 찾아갔다. 그리고 가는 곳마다 잠들어 있는 영혼의 눈을 뜨게 했다. 나폴리 근처의 작은 도시에서 살고 있는 젊은 수도사의 손아귀에도 들어갔는데, 이 사람의 이름은 조르다노 브루노였다.

니콜라우스
코페르니쿠스
인터뷰

1543년. 폴란드의 가톨릭 성직자 니콜라우스 코페르니쿠스 박사(교회법 전공)가 지구를 하나의 행성으로 강등시키고, 지구를 태양으로부터 세 번째 서열에 세운 『천체의 회전에 대하여』를 펴내 우주 혁명을 예고했다.

천체의 운동에 관한 역대 저술들을 검토하여 탄생한 『천체의 회전에 대하여』는 가톨릭 측보다 개신교 측의 강력한 반발에 부딪힌 상태이다. 마르틴 루터는 이 책의 저자 코페르니쿠스를 '벼락출세한 점성술사'라고 깎아내렸다. 한 개신교 목사는 "이 멍청이가 천문학을 통째로 뒤엎어 놓으려 한다. 성서에는 여호와가 멈추라고 명한 것은 태양이지 지구가 아니다"라며 인신공격까지 서슴거리지 않았다.

로마 교황청은 지구와 함께 다른 행성들도 태양의 둘레를 원운동한다는 태양 중심 우주관을 공표한 코페르니쿠스의 저서를 금서로 지정할 예정이다.

그러나 태양중심설에 동조한 찬성파조차도 코페르니쿠스가 피타고라스로부터 플라톤, 프톨레마이오스를 거쳐 내려온 전통적인 우주론을 따르려는 심정에서 '원형이 아닌 궤도는 생각만으로도 끔찍하다'라며 원형 이론을 고집해 실망하는 눈치이다.

1,800년 만에 코페르니쿠스가 아리스타르코스의 태양 중심 우주론을 다시 한 번 거론하여, 지구 중심 우주론에 종지부를 찍을 수 있을지 관심이 집중되고 있다.

그가 태양중심설을 완성한 것은 1530년경이었지만 신성시되고 있는 지구중심설에 위배된 사상이어서 발표를 미뤘다.

"나는 오래된 기록을 통해 선지자와 대화를 나눴다"

▲ 전 세계를 강타할 『천체의 회전에 대하여』의 공표를 미룬 까닭은?

– 나의 견해가 너무 새롭다는 점과 얼핏 보아 불합리하게 여겨질 수도 있다는 점 때문에 경멸의 대상이 될지도 몰라서.

▲ 어디서 지구의 운동을 알게 되었는가?

– 우선 키케로의 기록을 뒤져 본 결과, 지구가 움직인다고 니케타스가 믿고 있었음을 알게 되었다. 그 후 플루타르코스를 읽고, 다른 사람들 역시 이러한 견해를 가지고 있었다는 사실을 깨달았다. 이것이 동기가 되어 지구의 운동을 생각하게 되었다. 나의 증인은 5세기의 마르티아누스 카펠라이다. 마르티아누스 카펠라는 이 설의 기원이 플라톤의 제자인 폰토스의 헤라클레이데스에게서 유래한다는 것을 증명하였는데, 헤라클레이데스는 천구의 겉보기 운동을 서쪽에서 동쪽으로 향하는 지구의 자전으로 설명하였다. 그 이론은 사모스의 아리스타르코스에게서 이어받았다.

『구텐베르크 성서』

중세기 구텐베르크의 인쇄 기술이 유럽에 보급돼 그리스도의 가르침을 전파하는 수단으로 이용되었다. 인쇄술은 루터의 종교 개혁을 성공으로 이끈 주역이기도 했다. 그리고 라틴어뿐만 아니라 여러 언어로 성서를 출판하면서 교회 확장의 길잡이가 되었다. 1454년에 마인츠 지방의 구텐베르크가 유럽 최초로 42행의 라틴어판 『구텐베르크 성서』 300권을 인쇄했다. 구텐베르크는 1436년에 서양에서는 최초로 인쇄술을 발명한 바 있다.

아리스토텔레스 저 『천구에 대하여』

아리스토텔레스가 『천구에 대하여』에서 행성계라는 개념을 도입했다. 그는 월식이 일어나는 동안 달에 비치는 지구 그림자가 항상 둥글다는 점, 수평선을 넘어가는 배의 선체를 볼 수 없는 점, 그 다음에야 돛이 사라진다는 사실을 기초로 지구가 둥글다고 추측했다.

노바라 교수집 하숙생

'우주 혁명의 기수' 코페르니쿠스에게 깊은 영향을 미친 사람은 유명한 수학자 도메니코 마리아 데 노바라 교수이다. 노바라는 프톨레마이오스에 비판적일 뿐만 아니라, 2세기의 천문학을 회의적인 시각으로 바라보았다. 코페르니쿠스는 노바라 교수의 집에서 기거한 하숙생이었다.

요한 볼프강 폰 괴테 씨에게

요한 볼프강 폰 괴테 씨, 많은 사람이 우주에 대한 인식을 바꾸어놓은 겸손한 폴란드 사제에 대해 언급했지만, 그중에서도 독일의 작가이자 과학자인 선생이 쓴 코페르니쿠스의 공적에 대한 글이 가장 감동적이라고 합니다.

"모든 발견과 견해 중에서 코페르니쿠스의 학설만큼 인간 정신에 큰 영향력을 행사한 경우는 다시없을 것이다. 우주의 중심에 위치한다는 엄청난 특권을 포기할 것을 요구받기 전까지 지구는 둥글고 그 자체로 완전하다고 신봉되어 왔다. 인류에게 이보다 더 큰 요구는 없었다. 이 사실을 인정함으로써 그토록 많은 것이 안개와 연기가 되어 허공 속으로 사라졌기 때문이다! 순수성과 경건함, 그리고 시의 세계인 에덴은 어떻게 되었는가? 감각의 증언은? 시적, 종교적 신앙의 고백은? 그의 동시대인들은 이 모든 것을 사라지게끔 하고 싶지 않았다. 당시까지 알려지지 않았던 사상의 위대함과 자유로운 관점을 필요로 하고 거기에 권위를 부여하게 될 학설에 대해 저항하고, 심지어는 그런 일을 꿈도 꾸고 싶어 하지 않았다는 것은 놀라운 일이 아니다."

위대한 사제가 태어난 토룬은 태어날 당시는 폴란드 왕권 아래에 있었지만 엄밀히 따지면 그는 독일인이라고 할 수 있습니다. 그가 스스로 밝힌 바에 따르면 그의 어머니는 독일계이고, 그는 라틴어와 독일어를 둘 다 능숙하게 구사했다고 합니다.

> 66
>
> 고대부터 화성을 비롯해 금성, 토성 등
> 모든 행성의 궤도가 원형이라는데
> 내가 관측한 자료와는 다르게 움직이는 것 같아
> 나의 관측이 틀린 것인지 머릿속이 혼란스럽다.
>
> 99

who?

1546~1601

덴마크의 천문학자로 카시오페이아자리에서 신성을 발견했다.
그는 태양중심설의 기하학적 장점과 지구중심설의 철학적 장점을 결합한
'튀코 체계'(수정된 지구중심설)를 주장하였다.
그의 연구는 훗날 케플러가 태양중심설을 지지하는 결정적인 증거가 되었다.

튀코 브라헤　Tycho Brahe

숱한 밤을 지새우며
별을 헤아리는 성주

쌍둥이

1546년, 헬싱보리 성의 추밀원 고문관 사택에서 쌍둥이 사내아이가 태어났다. 쌍둥이 중 한 아이는 낳자마자 죽었다. 천문학계의 혁명가인 코페르니쿠스가 죽은 지 꼬박 3년째 되던 날 아침이었다.

쌍둥이의 아버지이자 헬싱보리 성의 고문관은 오토 브라헤였다. 그는 나중에 그 성의 장관이 되었다. 오토는 운 좋게 살아남은 사내아이의 이름을 튀코 브라헤라고 지었다. 튀코는 그리스어로 '복덩이'란 뜻을 지니고 있다.

튀코의 원래 고향은 헬싱보리 성에서 가까운 크누토스토르프이다. 당

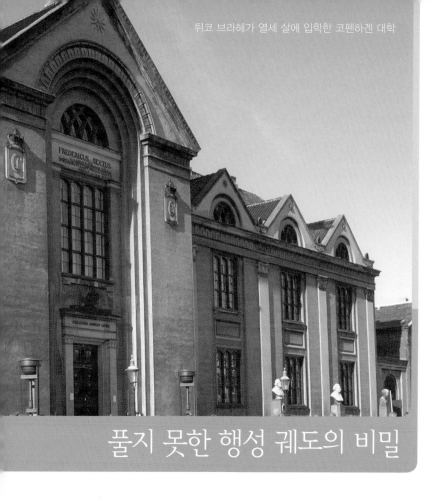

풀지 못한 행성 궤도의 비밀

시 스웨덴 남부는 덴마크 왕국의 일부였다.

'복덩이'네 집은 아이들이 열 명이나 돼 항상 북적거렸다. 그는 숙부 밑에서 자라다가 일곱 살 때 집으로 돌아왔다. 숙부의 양자로 입양돼 엄격한 가정 교육을 받은 튀코는 어렸을 때부터 천재성을 보였다. 튀코가 뜯었다 고쳤다 하는 바람에 숙부네 집의 시계와 연장은 성할 날이 없었다.

튀코는 열세 살 때 코펜하겐 대학에 들어갔다. 그곳에서 문학, 철학, 정치학, 과학 등을 공부했는데, 특히 물리학과 수학 분야의 그리스 고전 문헌 연구에 관심이 많았다. 점성술을 배우는 데도 많은 시간을 들였다.

튀코가 열네 살 되던 해에 부분 일식이 일어났다. 그는 1560년 8월 천문학자들이 예보한 날짜에 부분 일식을 관측할 수 있었다. 그것은 황홀경이었다. 그는 우주의 신비를 점칠 줄 아는 천문학자들이 부러웠고, 이를 계기로 천문학에 매료되어 버렸다. 이때부터 튀코의 관심은 오로지 천문학과 수학이었다.

그는 프톨레마이오스의 『알마게스트』를 옆구리에 끼고 다니며 시간만 있으면 들여다보았다. 집안 식구들은 식탁에서까지 『알마게스트』에 몰두하는 그를 걱정했다.

오토 장관은 튀코를 내버려 두지 않았다. 열 명의 자식 가운데 가장 뛰어난 튀코에게 귀족으로서 교양을 쌓도록 법학과 수사학 공부를 시킬 작정이었다. 오토는 가정 교사를 동행시켜 튀코를 독일로 유학 보내기로 결심했다.

튀코는 아버지의 성화에 못 이겨 1562년에 라이프치히 대학에 입학했다. 튀코의 가정 교사 안더스 베텔에게는 낮에는 튀코의 법학 공부를 지도하고 밤에는 하늘을 쳐다보지 못하도록 막는 임무가 주어졌다. 헬싱보리 시절부터 오토 장관과 숙부는 튀코가 천문학 연구에 한눈을 파는 것이 탐탁지 않았다.

그러나 튀코는 귀족 연습이 영 마음에 들지 않았다. 따분하고 졸음만 오는 법학보다 우주의 신비를 훔쳐보는 천문학 공부가 더 즐거웠다.

튀코는 가정 교사가 잠든 사이 몰래 숙소에서 빠져나가 별들을 관측하곤 했다. 또한 절약한 돈을 모두 천문학 서적을 구입하는 데 썼다.

라이프치히 대학 2학년 때 목성과 토성이 가까이 접근했다. 그는 이때 두 행성의 위치가 알폰소 표에 예보된 값과 한 달가량 틀리고 프로이센 표의 값과는 며칠씩 차이가 난다는 것을 발견했다.

알폰소 표는 알폰소 10세의 명령으로 유태교와 기독교의 학자들이 아랍의 천문학에 기초하여 행성 운행표를 만든 것으로서 1252년에 발간되었다.

프로이센 표는 레인홀드가 코페르니쿠스의 회전론에 따라 해, 달 그리고 5행성의 운행을 계산한 역서로, 1551년에 프로이센에서 발행되었다.

튀코는 1565년에 라이프치히 대학을 졸업하고 코펜하겐으로 돌아왔다. 귀족들의 만찬석상에서 논쟁에 휘말린 그는 결투 끝에 코끝을 살짝 베이고 말았다. 이 순간의 실수로 일생 동안 남 앞에 나설 때면 은과 구리로 만든 덮개로 상처를 가려야 했다.

순례

그 사건 이후에 논쟁하기를 좋아하는 성격은 수그러들었다. 그러나 답답함을 참고 덴마크에 남아 있을 그가 아니었다. 결투를 벌여 코를 베인 사건 때문에 멀리 떠나고 싶은 욕구가 더욱 커졌다.

코끝에 덮개를 씌운 튀코는 목적지도 정하지 않고 유람을 떠났다. 그는 옷가지 몇 벌과 『알마게스트』를 가방에 챙겨 넣고 집을 나섰다.

"앞으로 얼마나 걸릴지 모르지만 되도록 많은 과학자를 만나 보는 것이 내 꿈이야."

튀코는 여기저기를 돌아다니며 저명한 학자들을 만났다. 그는 맨 먼저 튀빙겐 대학의 교수로 있는 아피안을 만났다. 아피안은 수학과 천문학 강의를 맡고 있었다.

클라비우스도 만났다. 튀코보다 열 살 위인 클라비우스는 교황 그레고리우스 13세의 달력 개정 덕분에 바쁜 나날을 보내고 있었다.

이 달력 개정은 율리우스력의 1년이 진짜 1년보다 11분 남짓 긴 것을 고치는 작업이었다. 이때 400년마다 3회만 윤년을 폐지하기로 결정했다.

튀코는 밀라노에서 이상한 소문을 들었다. 소문의 주인공 카르다노를 찾아갔다.

카르다노는 '3차 방정식의 해법' 조작 사건으로 손가락질을 받았다.

 카르다노는 자기 자랑만 실컷 늘어놓을 뿐 튀코는 아예 안중에도 없었다. 그는 자화자찬이 심했다.

 "세계 곳곳에서 3차 방정식의 해법을 발견한 이 사람을 모셔 가고 싶어 안달이지."

 튀코는 카르다노의 횡설수설을 듣다 말고 벌떡 일어나 버렸다. 머리가 지끈지끈 아팠다. 카르다노에 대한 평판은 그가 장황하게 늘어 놓은 자랑만큼 화려하지도 않았다.

 볼로냐 대학에서 수학 교수로 재직하던 카르다노는 '3차 방정식의 해법' 조작 사건으로 손가락질을 받고 있었다.

원래 카르다노는 밀라노에서 병원을 차린 개업의였는데, 수학에 취미를 붙이기 시작해 마침내 볼로냐 대학의 수학 교수가 되었다. 그는 당시 3차 방정식의 일반 해법을 찾아낸 수학자가 있다는 소문을 들었다. 그 장본인은 타르탈리아란 수학자였다. 카르다노는 꾀를 짜내 타르탈리아에게 편지를 보냈다.

"나는 이탈리아의 귀족입니다. 당신의 명성을 듣고 대단히 숭배하고 있습니다. 꼭 한 번 만나 뵙고 말씀을 듣고 싶으니 서둘러 밀라노에 한번 와 주십시오."

이 편지를 본 타르탈리아는 서둘러 밀라노에 갔다. 약속한 장소에 가 보니 귀족은커녕 그 당시 수학자들 사이에서 이름조차 없는 카르다노가 기다리고 있었다. 어렵게 타르탈리아를 만난 카르다노는 매달리다시피 했다. 카르다노는 그러면서도 딴마음을 품고 있었다. 교활한 여우는 어색한 미소를 지었다.

"이자를 밀라노까지 유인하는 데는 성공했단 말이야. 어떻게 요리를 하면 성공할 수 있을까?"

타르탈리아는 절대로 이 거렁뱅이 같은 수학자에게 자신의 비밀을 털어놓지 않겠다고 단단히 결심했다. 카르다노가 타르탈리아에게 가까이 다가서며 애원했다.

"선생님, 3차 방정식을 푸는 방법을 아는 것이 제 소원입니다. 저에게 가르쳐 주신다 해도 절대 남에게 말하지 않을 것입니다. 또 갑자기 죽게 되더라도 흔적을 남기지 않기 위해 종이에 써서 남겨 두는 일도 안 할 것입니다."

카르다노의 말은 타르탈리아의 마음을 움직였다. 순진한 타르탈리아는 그에게 3차 방정식의 해법을 가르쳐 주고 말았다.

카르다노는 집에 도착하자마자 타르탈리아가 가르쳐 준 3차 방정식의 해법을 되새기며 기록했다.

또한 재빨리 『아르스 마그나』란 책을 내서 거기에 3차 방정식의 해법을 자신이 발견했다고 발표했다.

이때부터 카르다노의 명성은 하늘 높이 올라갔다. 타르탈리아는 억울하기 짝이 없었다. 그는 궁리 끝에 카르다노에게 수학 시합을 하자고 제의했다. 시합장은 밀라노의 한 교회였다. 드디어 시합 날이 다가왔다. 시합 날 아침 일찍 집을 나선 타르탈리아는 다짐했다.

"그 악마 같은 카르다노 녀석의 탈을 벗겨 만천하에 드러내 놓고 말리라."

시합장에 카르다노의 얼굴은 눈을 씻고 보아도 찾을 수 없었다. 타르탈리아의 표정이 일그러질 때였다. 타르탈리아 앞에 웬 젊은 녀석이 얼굴을 내밀었다.

"선생님이 타르탈리아라는 분이신가요? 카르다노 선생님께서 저보고 대신하라고 해서 이렇게 왔습니다."

타르탈리아는 또 한 번 카르다노에게 속았다는 것을 알아차렸다. 굴욕을 참고 시합을 속개했다. 시합은 양쪽에서 서른한 문제를 내어 반달 동안에 푸는 것이었다.

타르탈리아는 7일 만에 정확하게 풀었다. 카르다노 측은 5개월이 지나도 아무런 대꾸도 없었다. 그 뒤 보내 온 해답 가운데 겨우 하나밖에 맞지 않았다.

그러나 카르다노의 교활함은 여기서 끝나지 않았다. 지옥의 악령은 다시 세상 사람들을 속였다. 시합의 결과를 반대로 떠들고 다녔다. 세상 사람들은 모두 카르다노의 말을 믿었다.

가엾은 타르탈리아는 분노를 이기지 못하고 10년 세월을 괴로움 속에서 보냈다. 겨우 제정신을 차린 타르탈리아는 3차 방정식의 해법을 정리한 책을 펴낼 계획을 세우고 집필에 들어갔다. 집필 중에도 가슴앓이 때문에 시름시름 앓아눕는 날이 더 많았다. 끝내 책을 완성하지 못하고 54세를 일기로 타르탈리아는 이 세상을 뜨고 말았다. 1559년이었다.

튀코는 악령의 화신 카르다노의 야비함을 저주하며 발길을 돌렸다. 그가 다음번에 찾아간 사람은 하인젤이었다. 하인젤은 대부호일 뿐 아니라 과학에 큰 관심을 가지고 있었다.

하인젤은 튀코가 천체 관측을 하려면 정밀도를 높이기 위해 기계가 있어야 한다고 말하자 이에 동의했다.

"나도 그대의 제안에 동감하오. 당신이 기계들을 만들어 보지 않겠소? 돈은 얼마든지 지원할 테니까 말이오."

█ 원조

1569년, 튀코는 하인젤의 지원을 받아 나무로 된 거대한 사분의 제작에 착수했다.

사분의는 원을 네 조각 낸 형태로 천체 관측 때 별들이 보이는 각도를 측정하는 장치이다. 사분의의 눈금은 각도의 1분까지 정확하게 매겨져 있다. 놋쇠로 만든 고리쇠에 눈금이 표시되어 있는데 고리쇠의 반지름은 6미터나 되었다. 눈금은 금속 줄로 매단 측연(測鉛)으로 읽었다. 그리고 두 개의 조준 공으로 관측했다.

떡갈나무로 만든 회전 막대에 매달린 사분의는 규모가 워낙 커서 측정치가 정확했다. 그러나 노천에 장치돼 있어 눈비를 피하지 못해 수명이 짧은 것이 흠이었다.

튀코는 좀 더 다루기 쉬운 소형 측각기를 조립했다. 이 측각기의 구조와 사용법은 보기만 해도 쉽게 알 수 있었다. 이 기기의 다리 길이는 1.6미터였다.

튀코는 오늘날에 쓰이는 경위의 원형인 방위각 사분의도 만들었다. 그 기기는 놋쇠로 만들었는데, 거대한 사분의보다 훨씬 작았으나 각을 초단위까지 읽을 수 있을 정도로 정확했다. 방위각 사분의는 방위각과 고도를 결정하는 데 사용되었다.

또한 구리로 된 천구의를 만들어 약 1,000개의 별을 측정해 위치를 정정했다. 이 천구의 큰 원에는 역시 초눈금이 매겨져 있었다. 제작 비용만 5,000타라가 들어갔다. 천구의의 지름은 1.5미터나 되었다.

덴마크의 바젤 대학교에서 잠시 머문 뒤 아우크스부르크로 돌아온 튀코는 자신이 발명한 기기들을 이용해 관측 천문학 연구에 몰두했다.

어릴 때부터 손재주가 뛰어났던 튀코는 정밀한 천체 관측 기기들을 만들어 관측 천문학의 기초를 쌓는 데 크게 기여했다. 관측 천문학의 원조인 셈이다.

튀코 이전의 천문학자들은 별의 적경을 조사할 때 낮에 달과 태양의 거리를 측정하고 이어서 밤에 달과 별의 위치를 비교하는 것이 고작이었다.

그런데 튀코는 그 위치를 바꾸는 속도가 빠른 달 대신에 가끔 낮에 볼 수 있는 금성을 이용해 정확도를 높였다.

초신성 발견

튀코는 1570년에 아버지인 오토 장관을, 그 이듬해에는 양아버지인 숙부를 잃었다. 그는 당분간 천문학 연구에서 완전히 손을 떼고 연금술에 몰두했다. 연금술로 생계를 보장 받기가 쉬웠기 때문이다. 또 하나의 이유가 있었다. 천문학 연구비를 벌기 위해서였다.

"연금술로 떼돈을 벌어 천문대를 세워야지."

튀코 브라헤가 별을 관찰했던 천문학 장비

　생계 수단인 연금술에 한참 열중하고 있던 1572년 11월 11일 밤이었다. 실험실에서 잠깐 휴식을 취하러 밖으로 나온 그는 버릇처럼 밤하늘을 쳐다보고 있었다.

　밤하늘을 쳐다보는 습관은 천체 관측 기기들을 만들며 자연스럽게 갖게 되었다. 이때 마침 카시오페이아자리에서 이제까지 보지 못했던 새로운 별이 반짝이는 것을 보았다. 튀코는 그날 이후 밤마다 이 별을 찾아 관측했다.

　이 별은 가장 밝을 때에는 화성의 밝기와 같았다. 그 뒤 점점 빛을 잃어가다가 1573년 초에는 5등급으로 뚝 떨어졌다. 1574년에는 완전히 소멸하고 말았다. 16개월 동안 맨눈으로 볼 수 있었는데 자취를 감춘 것이다.

이 별은 튀코의 눈에만 보였다. 그는 별의 위치를 여러 번 되풀이하여 관측한 결과 달이나 다른 행성보다도 멀리 있는 항성에 속한 신성이라는 결론을 내렸다.

그의 발견은 '별에는 변화가 있을 수 없다'는 아리스토텔레스의 학설이 지배하던 시대에는 천지개벽과도 같은 것이었다. 튀코는 아리스토텔레스의 신봉자였다.

1573년에 튀코는 이 신성 관측의 결과를 『초신성』이라는 제목의 책으로 출판했다. 이 책에서 초신성을 관측한 결과는 물론 혜성과 행성 그리고 점성술 등에 관해 이야기했다.

천문학자들은 이 논문이 발표되자 흥분했다. 그의 발표를 믿으려 하지 않았다. 어떤 천문학자들은 목성이 불탄 것이라고까지 주장했다.

이 초신성은 무명의 튀코를 하루아침에 유명 인사로 만들어 놓았다. 이 별은 나중에 '튀코의 초신성'이란 이름으로 세상에 알려졌다.

벤 섬의 성주

튀코는 1573년부터 1576년까지 4년 동안 유럽의 많은 도시를 순방하면서 새로운 책을 구입하기도 하고 친구들을 사귀기도 했다. 귀족 출신답게 사교적이었다.

1576년, 덴마크의 국왕인 프레데리크 2세가 튀코를 초청했다. 그리고 프레데리크는 주연을 베풀며 튀코의 초신성 이야기를 경청했다. 튀코는 프레데리크 앞에서 최근에 발견한 초신성 이야기로 열변을 토했다. 프레데리크는 튀코의 열정이 마음에 들었다.

"튀코는 훌륭한 덴마크 사람이오. 그대의 소원이 무엇인지 말해 보시오."

"폐하, 가능하다면 개인 천문대를 갖고 싶습니다. 천문대가 있으면 연구를 하는 데 도움이 될 것입니다."

프레데리크는 신하에게 지도를 가져오라고 말했다. 그는 지도를 펼치며 말했다.

"자, 여기를 보시오. 코펜하겐 해협에 벤이란 섬이 있소. 이곳도 덴마크의 영토라오. 여기에 천문대를 세우는 것이 어떻소?"

튀코는 국왕 앞에 일어서서 허리를 굽혀 정중히 절했다. 튀코의 태도는 프레데리크를 감동시켰다.

"그리고 이 섬의 관리권을 그대에게 줄 것이니 이 섬에서 나온 세금은 천문대 운영비로 활용토록 하시오."

"폐하, 이 은혜를 어떻게 갚으오리까?"

감격한 튀코의 두 눈에는 기쁨의 눈물이 고여 있었다. 궁전에서 나온 그는 즉시 약속의 땅 벤 섬으로 달려갔다. 벤 섬은 스코네와 셀란 섬 사이에 있다. 섬 전체가 완만한 평지를 이루어 천체 관측에는 더할 나위 없이 좋은 곳이었다.

벤 섬을 답사하고 돌아온 튀코는 며칠 밤을 세워 가며 천문대 설계에 몰두했다. 이름을 짓는 것도 잊지 않았다. 밤하늘을 쳐다보며 벤 섬 천문대의 이름을 결정지었다.

"우라니보르크로 정하자. 이것은 하늘의 별장이다."

우라니보르크는 귀족인 튀코의 신분에 걸맞게 호화롭게 세워졌다.

성주의 보금자리이자 하늘의 별장인 우라니보르크는 사각형 건물로 네 귀퉁이가 동서남북을 바라보고 있었다. 관측실, 도서실, 실험실, 저택이 모두 한 건물에 들어 있어 편리하기 이를 데 없었다. 아름다운 정원으로 건물을 에워싸고 울타리를 쳤다. 우라니보르크는 튀코에겐 지상의 별장이었다.

또한 연구실에는 당시에 구할 수 있는 가장 좋은 관측 기기를 설치했다. 천문학 관련 자료라면 돈을 아끼지 않고 사들였다.

당대 세계 최고의 천문대에는 세계 각국에서 모인 연구원들로 항상 북적거렸다. 얼마 안 가 연구원들이 넘쳐 건물을 더 지어야 할 판이었다. 그는 두 번째 건물 설계에도 정성을 다했다. '별들의 성'이란 뜻을 지닌 스티에르네보르가 우라니보르크 다음에 건설되었다.

우라니보르크 천문대는 당대의 우수 인력을 배출한 천문학의 요람이 되었다.

1577년, 튀코는 우라니보르크 천문대에서 대혜성을 관측하는 데 성공했다. 철저한 관측을 통해 혜성이 달과의 거리보다 3배 이상 떨어진 곳

튀코 브라헤의 흔적을 간직한 우라니보르크 천문대.

에 있다는 결론을 내렸다. 그 당시 사람들은 '혜성이란 지구 대기 중에서 생성되었다가 소멸하는 것'이라고 믿고 있었다. 그의 발표 내용 또한 혁명적이었다.

그는 연구를 계속하여 혜성은 태양 주위를 운동하는 독립된 천체로 금성보다 더 멀리 있다고 주장했다. 혜성 관측에 흥미를 붙여 1580년부터 1596년까지 다섯 차례에 걸쳐 새로운 혜성을 관측했다. 그리하여 1588년에는 『혜성』을 펴내기도 했다.

1596년이었다. 한 신출내기 천문학자가 보낸 얄팍한 한 권의 논문집이 우라니보르크의 천문대장 튀코에게 도착했다. 우편물 봉투에는 다음과 같이 쓰여 있었다.

'요하네스 케플러 저,『우주 구조의 신비』'

이 책의 내용을 한눈에 쭉 훑어보던 튀코는 자신의 눈을 의심했다.

"또다시 코페르니쿠스의 망령이 되살아난 것은 아닐 테고. 이게 무슨 일이야?"

중년의 튀코는 책장을 덮고 그 책을 책상 서랍에 밀어 넣었다. 그리고 중얼거렸다.

"기회가 있으면 이 친구를 한번 만나 보아야지."

우주의 비밀을 찾아

튀코는 덴마크의 히파르코스였다. 두 사람의 공통점은 모두 관측을 중요하게 여겼다는 것이다. 프톨레마이오스와 코페르니쿠스가 주장했던 지구중심설과 태양중심설도 히파르코스의 관측이 없었더라면 불가능했다.

천문학자에게 관측 자료는 없어서는 안 될 귀중한 유산이다.

그러나 개인적으로 튀코는『알마게스트』를 코페르니쿠스의『천체의 회전에 대하여』보다 더 높게 쳤다. 그는 아리스토텔레스의 신봉자였기 때문이다.

그는 수정주의 지구중심설을 지지했다. 천체 관측에 심혈을 기울여 방대한 관측 자료와 천문학 관련 자료들을 완벽하게 수집했으며 아리스토텔레스의 태양중심설을 달갑게 여기지 않은 그에게 해결되지 않은 의문점이 있었다.

"어느 우주 구조가 옳은가를 결정하는 데는 100가지 이론보다 먼저 정밀한 관측이 뒷받침되어야 할 것 같은데. 별과 행성을 체계적으로 꾸준히 관측하지 않고는 천문학의 문제점을 해결할 수 없지."

그는 화성 관측에 16년이란 세월을 바쳤다. 아직까지 망원경이 나오지 않아 맨눈으로 관측하던 시대였다. 그는 대부분의 관측 기기들을 손수 제작해 사용했다. 튀코가 맨눈으로 관측한 기록들은 최고의 정밀도를 자랑했다. 신통력에 가까울 정도로 정확했다. 각도는 1분까지 맞췄다.

그는 이렇게 말했다.

"우주의 비밀에 도달하기 위해서는 화성의 운동에 의존하지 않을 수 없다. 그렇지 않으면 우리는 언제까지나 무지의 상태에서 벗어나기 어렵다."

튀코가 화성을 골라잡은 이유는 화성의 운동 행태가 옛 천문학자는 물론 그때까지도 행성 중에서 최대의 골칫거리였기 때문이다. 어떤 때는 앞으로 달려 나가다가 어느 날은 뒷걸음질치는 화성의 운동 형태가 지구촌의 사람들을 혼란스럽게 만들었다.

고약한 천문대장

튀코는 21년 동안 벤 섬의 천문대장으로 지내는 동안 왕의 극진한 재정 지원을 받았다. 그러나 왕이 부탁한 일은 소홀히 했다.

또한 벤 섬 주민들의 불평이 이만저만이 아니었다. 그는 왕으로부터 운영권을 인계받은 주민들에게 강제로 노동을 시키기도 했고 정규적으로 예배를 올리지 않았다. 그리고 교회 예배를 담당한 성직자에게 생활비를 한 푼도 지급하지 않아 원성이 자자했다.

그는 등대 관리마저 소홀히 해 왕의 심기를 이만저만 불편하게 한 것이 아니었다. 왕은 여러 차례 튀코를 불러 등대의 등불이 꺼지지 않도록 잘 관리할 것을 부탁했다. 그러나 그는 대답만 할 뿐 등대 관리에는 신경 쓰지 않았다. 오직 천체 관측에만 몰두했다.

주민들의 불평만큼 화성의 관측 자료는 쑥쑥 자라났다. 게다가 정확했다. 벤 천문대의 관측 정밀도는 이전의 어떤 천문학자와도 비교가 안되었다.

튀코는 벤 천문대에서 화성을 관측하면서 연금술과 의학 연구에도 손을 댔다. 튀코의 명성은 절정에 이르렀다. 그러나 행복은 항상 영원히 보장되지 않는다. 1597년, 재정 후원자인 프레데리크 2세가 서거했다는 소식이 들렸다. 그리고 열한 살 된 크리스티안이 왕위를 계승했다.

천문학에 흥미가 없는 어린 국왕은 벤 섬 주민들의 원성을 전해 듣고는 천문대 예산을 대폭 삭감해 버렸다. 이번에는 귀족 천문학자를 모함하는 무리들이 들고일어났다. 국왕한테는 매일 서너 통의 상소문이 올

튀코 브라헤의 새로운 후원자를 자처한 프라하의 황제 루돌프 2세

라갔다.

"벤 섬의 성주 튀코는 쓸모없는 천체 관측만 일삼고 있으며 유해한 호기심으로 가득한 자입니다."

크리스티안은 우라니보르크에 지원금을 지불하지 말라는 명령을 내리고 얼마 안 있어 최후통첩을 보냈다.

"튀코는 더 이상 연구 활동에 종사하지 않아도 된다."

튀코는 주민들로부터 생명마저 위협받고 있었다. 그는 더 이상 견딜 수 없다는 사실을 깨닫고 즉시 탈출을 시도했다. 그의 가족들은 가장 중요한 관측 기기와 기록들을 챙겨 들고 가까스로 벤 섬을 빠져나왔다. 겨우 몸만 빠져나온 그는 독일의 여러 지방을 떠돌아다니다가 함부르크에서 메카니카를 만났다. 두 사람은 1,000개의 별 위치를 수록한 성도를 공동 발간하기로 약속했다.

튀코는 새로운 후원자가 필요했다. 하루아침에 덴마크 황실의 총애를 잃은 그는 친구들이 프라하의 황제를 알현하는 것이 좋겠다고 권유하자 프라하행을 결정했다.

프라하의 황제 루돌프 2세는 튀코에게 프라하 동북쪽 바나트키 성의 사용을 허락하고 그곳에 실험실과 관측소를 짓도록 했다. 거기서 그는 황제의 고문 천문학자로 임명되었다. 그러나 그는 우라니보르크 시절만큼 충분한 재정 지원을 받을 수 없었다. 작업 환경은 열악하기 이를 데 없었다. 옛날이 그리웠다.

바나트키 성에 천문대를 완성하자마자 관측을 시작했다. 큰아들을 벤에 보내서 놓고 온 천문 관측 기기들을 마저 가져오도록 했다. 그리고 같이 일할 수 있는 연구원을 구해 오도록 일렀다. 건강이 악화돼 더 이상 관측에 매달릴 수 없었기 때문이다. 천체 관측은 순전히 눈으로만 이뤄졌기 때문에 건강한 육체가 최고의 도구였다.

위대한 만남

1599년, 튀코는 독일의 젊은 천문학자 요하네스 케플러를 조수로 선택하고 케플러에게 초청장을 보냈다.

이미 코페르니쿠스 학설을 지지하고 있던 케플러는 튀코의 명성을 알고 있었다. 그래서 첫 논문집을 출간했을 때도 맨 먼저 튀코에게 우송했다. 케플러는 튀코의 초청장을 받은 즉시 짐을 꾸려 프라하로 떠났다. 흥분이 덜 가라앉은 그는 프라하에 도착할 때까지 마차 안에 가만히 앉아 있을 수가 없었다.

"튀코 대장의 관측 기록은 코페르니쿠스의 학설을 수학적으로 증명하는 데 꼭 있어야 할 자료이고말고."

케플러가 프라하로 온 것은 1599년 10월이었다. 다음 해 2월에는 그의 가족과 함께 생활하게 되었다.

53세의 튀코와 28세의 케플러의 만남은 신이 맺어 준 인연이었다. 튀코의 천재적인 관측 실력과 케플러의 수학적 재능이 조화를 이루었다.

그러나 두 사람은 가끔 심하게 다투곤 했다. 그렇지만 상대방에게 얼마나 의존해야 하는지 서로 잘 알고 있었기 때문에 살얼음판을 걷는 듯하면서도 두터운 협력 관계를 이어 가곤 했다.

인색한 튀코는 케플러에게 단 한 푼의 수고비도 지불하지 않았다. 케플러의 봉급은 국고에서 가끔씩 지급될 뿐이었다. 생활고에 시달린 케플러는 튀빙겐이나 비텐베르크에서 교직을 얻으려 노력하기도 하고 의학을 배워서 의사가 되는 것은 어떨지 고민하기도 했다. 그러나 뾰족한 탈출구를 마련하지 못하고 튀코 밑에서 조수 생활을 이어 가고 있었다.

프라하 천문대에서는 튀코 브라헤의 아들이 연금술을, 케플러가 화성을, 롱고몬타누스가 달을, 텡나겔이 금성을 연구하고 있었다. 튀코는 모

튀코 브라헤가 잠든 프라하 틴 성모 성당

든 분야를 지도했다.

1601년 어느 날 튀코가 하루 종일 얼굴을 나타내지 않았다. 그날 54세의 프라하 천문대장은 생애를 마감했다. 그는 오랜 세월을 두고 축적해 온 화성 관측 자료를 정리해 검토할 겨를도 없이 세상을 떠나고 말았다. 그는 살아생전에 과학적 업적을 인정받는 데 유달리 경쟁적이었다. 제자들이 자신의 아이디어를 모방하는 것조차 용납하지 못했다.

천재적인 관측 천문학의 원조는 간단한 유언을 남겼다.

"나의 생애가 헛되지 않았다면 그것으로 만족한다."

별을 노래한 성주의 삶은 결코 헛되지 않았으며, 뒷날 우주의 신비를 밝힌 영웅을 배출하는 데 큰 몫을 했다.

튀코 브라헤

인터뷰

NEWS

튀코 브라헤는 망원경 부재 시대의 마지막을 화려하게 장식한 천문학계의 거성이다. 35년 이란 세월 동안 우주의 정확하고 질서정연한 움직임을 맨눈으로 측정하는 데 일생을 바쳤다. 그가 만든 우라니보르크 천문대는 세계 최초의 민영 연구 기관이다.

그는 별들과 행성들을 체계적으로 꾸준히 관측하지 않고는 천문학 발전을 기대할 수 없다는 사실을 일찍 깨달았다.

'별을 헤아리는 성주'는 최고 수준의 관측 기구들을 제작하기 위해서 두 팔을 걷어붙인 첫 번째 과학 사업가이다. 최고의 실력을 뽐내는 관측의 귀재라는 사실은 두말할 나위가 없다.

일생을 공들여 모은 튀코의 귀중한 관측 자료들은 케플러의 수중에 들어가 물고기가 물을 만난 듯 풍부한 상상력을 통해 위대한 발견들을 이끌어 냈다. 케플러의 행성의 세 가지 운동 법칙 이전에 튀코의 관측 자료가 있었던 것이다. 근대 천문학으로 들어서기 전, 전환기 시대에 활약한 튀코는 프톨레마이오스나 코페르니쿠스의 우주관과는 달리 독특한 천문학 체계를 이루었다.

그는 1559년부터 3년 동안 코펜하겐에 있는 루터파 대학교에서 라틴어와 고전 문학을 전공했다. 물리학과 수학 분야에 대한 그리스 고전 문헌을 연구했는데, 점성술을 배우는 데 많은 시간을 보내기도 했다.

1560년. 우연히 일식을 보게 된 것이 계기가 돼 천문학에 뛰어들었다. 그는 학창 시절 결투를 벌이다가 코끝을 살짝 베여 금속성 덮개로 가리고 다녀야 했을 정도로 다혈질이었다.

"모든 행성 궤도는 원형인데 내 관측 결과와 달라 당혹"

▲ 케플러 씨에 대한 평가 한마디.

– 수학에 재주가 많은 이론 천문학자로선 나무랄 데가 없지만, 개인적으로는 성격상 고집이 세고 외골수여서 나는 물론이고 주변의 가족들과도 사이가 좋지 않은 것이 흠이라면 흠이다. 그러나 워낙 수학 실력이 뛰어나서 언젠가는 큰일을 해낼 사람이다.

▲ 요즘 주로 하는 관측은?

– 화성의 움직임이 영 마음에 걸려 그동안 관측 자료들을 중심으로 케플러에게 연구해 보도록 지시했다. 고대부터 화성을 비롯해 금성, 토성 등 모든 궤도가 원형이라는데 내가 관측한 자료와는 다르게 움직이는 것 같아 나의 관측이 틀린 것인지 머릿속이 혼란스럽다.

카시오페이아자리

늦가을 은하수 끝에서 W자 형의 별무리를 만날 수 있다. 이 별자리는 에티오피아 왕비 카시오페이아가 거꾸로 매달려 있는 모습을 새긴 것이다. 카시오페이아자리의 첫 번째 별은 왕비의 가슴, 두 번째는 손, 세 번째는 채찍, 네 번째는 무릎, 다섯 번째는 왼쪽 팔꿈치를 상징한다. 1572년 11월 11일, 카시오페이아자리 주변에서 대낮에도 볼 수 있는 신성이 출현했다. 이때 튀코 브라헤가 발견하고는 상세한 기록을 남겼으며, '튀코의 초신성'이라 불리게 되었다.

우라니보르크 천문대

'하늘의 성'이란 뜻으로 튀코가 지은 천문대이다. 1576년, 덴마크의 국왕 프레데리크 2세가 튀코에게 벤에 있는 땅을 하사해서 그곳에서 마음놓고 천문대를 짓고 그해 말에는 정기적인 관측을 할 수 있게 되었다. 귀족 천문학자 튀코는 자신의 신분에 맞춰 호화판 건물을 짓고 값비싼 관측 기기들을 갖추었다.

건물은 네모꼴이며, 건물 가운데에 정원을 꾸몄다. 네모난 귀퉁이는 동서남북을 향하게 했으며, 여러 개의 관측실과 도서실, 실험실, 저택이 모두 한 건물에 들어가도록 설계했다. 이 천문대가 알려지자 세계 각국에서 많은 제자들이 모여들었고, 연구원들이 속속 늘어나 두 번째 건물인 스티에르네보르를 지었는데 '별들의 성'이란 뜻을 지니고 있다.

152

관측 천문학의 천재에게

튀코 브라헤 씨, 사람들은 당신에게 '관측 천문학의 천재'란 호칭을 붙인답니다. 선생의 관측이 얼마나 정확했으면 그럴까요? 지금도 선생의 관측 실력을 능가하는 사람이 없습니다.

제 대학 은사 중에 한 분은 천체 관측을 무척이나 중시해서 꼬박 밤을 지새우며 철저히 관측을 기록해야 학점을 주기에 학생들이 그 선생님의 강의라면 손사래를 칠 정도랍니다. 그분은 생긴 모습이며 실력이며 성격까지 튀코 브라헤 씨와 꼭 닮았습니다. 짙은 눈썹이 강렬한 인상을 주는 그 은사도 세계적으로 유명한 천문학자랍니다. 성격은 어찌나 불같던지!

브라헤 씨의 열성팬인 그 은사가 들려준 바에 따르면, 지구와 태양 간의 거리가 가장 멀 때, 지구에서 춘분점 방향과 태양의 방향이 만드는 각 거리는 코페르니쿠스의 경우는 24초, 브라헤 당신의 값은 45초, 그리고 현재 값은 61초랍니다.

당신이 1년의 길이를 불과 1초 미만의 오차로 측정하였다는 소문을 들었습니다. 그리고 태양의 위치를 날짜별로 계산했는데 오차가 1분 미만이었다고 했지요? 그 이전의 사람들은 15분이나 20분 이상 차이가 있었다고 합니다.

그리고 케플러가 선생의 화성 관측 기록을 수천 번 계산해서 우주의 신비를 캘 수 있었던 것은 브라헤 씨의 관측 기록이 틀릴 리 없다는 확신이 있었기에 가능하지 않았을까 생각됩니다.

튀코 브라헤의 천문대에 출근한 첫날,
내게 준 과제가 화성을 연구하라는 것이었다.
튀코는 원형 궤도를 고집했다.
그러나 관측 결과 원형설은 사실이 아니었다.

who?
1571~1630

독일의 천문학자로 행성의 운동을 연구했다.
그는 '타원 궤도의 법칙'과 '면적 속도 일정의 법칙'을 발표하여
코페르니쿠스의 태양중심설을 뒷받침했다.
이어 『우주의 조화』에서 행성 운동의 제3법칙을 발표하였다.

요하네스 케플러 Johannes Kepler

굴곡 많은 삶을 산
근대 과학의 선구자

암투

갑자기 세상을 떠나 장례를 치르고 돌아온 귀족 천문학자 튀코 브라헤의 가족은 회의를 열었다. 가장 나이가 많은 튀코의 미망인이 먼저 말을 꺼냈다.

"난 너희들의 아버지이자 나의 사랑하는 남편 튀코와 자주 싸운 케플러를 이 천문대에 그냥 둘 수 없다."

"아니에요, 어머니. 케플러는 싸움꾼처럼 보여도 실질적으로는 아버지의 관측 사업을 가장 열심히 도와 일한 일꾼이라고요. 아버지가 못다

케플러를 총애했던 루돌프 2세가 지내던 프라하성. 케플러는 이곳을 수시로 왕래했다.

행성 궤도 '원에서 타원으로'

이룬 천체 관측을 케플러가 할 수 있도록 허락해 줘야 해요."

튀코 대장 밑에서 연금술 연구를 하며 케플러와 함께 일하고 있는 브라헤의 큰아들은 적극적으로 케플러를 대변했다. 또한 그는 케플러를 데려온 장본인이었다. 이때 뒷줄에서 볼멘소리가 터져 나왔다.

"아닐세, 그건 모르는 소리야. 케플러가 혹시 장인이 해 놓고 가신 업적을 도용하기라도 하면 어떡한단 말인가."

회의 시간은 점점 길어지고 있지만 속 시원한 해결책은 나오지 않았다. 그날 회의에서는 케플러에게 고인의 유물을 만지지 못하게 해야 한다는 의견이 지배적이었다.

튀코가 죽은 뒤 케플러는 헤르바이트의 추천을 받아 튀코의 뒤를 이어 궁중 수학가로 임명되었다. 그에게는 연봉 500굴덴이 국고에서 지급되었다. 연봉은 꼬박꼬박 제 날짜에 지급되었다. 그러나 그 봉급으로는 케플러의 가족이 생계를 꾸려 나가는 데 턱없이 모자랐다.

케플러의 이러한 작은 출세도 튀코 가족의 심기를 불편하게 만들었다.

가족 회의에서 케플러를 적극적으로 반대한 튀코의 사위 텡나겔이 천문대에 나타났다. 그는 직원들에게 튀코가 생전에 만든 천문 관측 기기와 관측 기록 등을 봉인하도록 서둘러 지시했고 하나도 남기지 않고 짐을 꾸려 놓았다.

텡나겔은 그 이후에도 케플러를 실직시키기 위해 갖은 모략을 써서 그를 괴롭혔다.

이러한 사실이 얼마 뒤 궁중에까지 들어갔다. 이 소식을 전해 들은 황제가 노발대발하며 그 자리에서 조처를 취했다.

"텡나겔을 감옥에 넣어 두는 것이 옳을 줄 아나 그 장인 튀코의 공적도 있고 해서 이번만은 용서해 준다. 바나트키 천문대에 있는 튀코의 모든 유품을 케플러에게 넘겨주어라."

케플러는 튀코가 이뤄 놓은 관측 자료들을 어렵사리 인계받을 수 있었다. 그 뒤 케플러는 황제의 청죄사 피스토리우스에게 자신이 관측한 자료와 연구 결과 등을 간단하게 설명해 주었다. 설명을 다 끝내고 돌아갈 때였다. 피스토리우스가 케플러에게 귓속말을 했다. 케플러는 황제의 집무실로 발걸음을 재촉했다.

"케플러, 오랜만이오. 요즘 천문학에 취미를 붙였다오. 새로운 우주 이야깃거리는 없나요?"

"폐하, 밤하늘에 붉게 나타나 옛날부터 전쟁의 신이라고 믿어 왔던 화성의 정체가 곧 밝혀질 것 같습니다."

황제는 귀가 솔깃했다. 그는 케플러 옆에 바싹 다가앉았다.

"자세히 말해 보시오. 그 말이 무슨 뜻인지."

"화성의 운동이 예사롭지 않아 연구하고 있는데 조만간 알아낼 수 있을 것 같습니다."

루돌프 황제 앞에서 물러난 케플러는 마차를 타고 집으로 가고 있었다. 길가에서는 일고여덟 살 된 소년들이 병정놀이를 하고 있었다.

그 아이들을 바라보면서 케플러는 자신의 어린 시절을 떠올렸다. 그러나 우울했던 기억밖에는 떠오르지 않았다. 그의 부모는 하루가 멀다 하고 싸움박질이었다.

사관과 대폿집 딸

독일 남부 뷔르템베르크 공국의 작은 도시 바일은 음산한 구름에 휩싸여 있었다. 동네 청년들이 둘러 서서 이야기를 나누고 있었다.

"사내대장부가 그렇게 비겁하면 쓰나. 난 용감하게 나가 싸울 테야. 그리고 이 무쇠팔로 한 천 놈쯤은 맛 좀 보여 줘야겠어."

"힘도 없는 주제에 무얼 할 수 있다고."

이 말이 떨어지기가 무섭게 하인리히의 주먹이 날아갔다.

"이 자식아, 남의 일에 웬 참견이야."

마을 청년들이 모두 뿔뿔이 흩어졌다. 툭하면 화를 잘 내는 하인리히는 용병으로서 전쟁에 참가하는 것을 의기양양하게 자랑했다.

전쟁터에 나간 하인리히는 전쟁이 끝나고 집으로 돌아왔다. 매일 무료하게 보내던 하인리히는 이웃집에 놀러 온 동네 처녀 카타리나를 만났다.

카타리나는 조그마한 체구에 수다스러운 아가씨였다. 말참견하기를 좋아하고 남의 말을 잘해 주위 사람들은 그녀를 곱지 않은 눈으로 쳐다보았다.

우쭐대는 하인리히와 수다스러운 카타리나가 눈이 맞아 평생 가약을 맺었다. 그러나 두 사람은 첫날밤부터 티격태격했다. 신혼부부의 싸움 횟수는 셀 수도 없었다.

하루는 전쟁을 방불케 할 만큼 부부싸움을 했다. 이유는 하인리히가 친구의 빚 보증을 서 주는 바람에 하루아침에 빈털터리 신세가 되었기 때문이었다. 하인리히는 어린 자녀들을 데리고 살던 집에서 쫓기다시피 나와야 했다.

가난하고 가정불화가 심한 집안에는 병치레만 하는 요하네스 케플러와 아이들이 있었다.

케플러는 1571년 12월 27일에 태어났다. 전 생애를 통해 끊임없이 그를 괴롭힌 불운의 역사는 요람에서부터 시작되었다.

병약한 케플러는 네 살 되던 해에 천연두를 앓아 시력이 상했다. 그의 어머니는 손가락까지 휘어진 장애자 아들이 사람 구실을 제대로 할 것 같지가 않아 걱정이 태산 같았다.

그러나 소년 케플러는 신체는 허약했지만 머리가 비상하게 뛰어났다. 그는 동네 친구들과 뛰어놀 줄도 모르고 집에서 이것저것 만지작거리며 혼자 놀았다. 그것이 가장 큰 기쁨이었다.

그는 노동을 할 수 없을 정도로 허약해서 친척들의 도움을 받아 레온부르크에 있는 수도원에서 예비 학교 교육을 받기 시작했다. 정식으로 학교에 입학하기 전이었다.

케플러는 그 당시 지식층에서 유행한 라틴어를 줄줄 읽었다. 라틴어는 수도원 성직자들의 필수 과목이었다. 소크라테스, 플라톤, 아리스토텔레스 등 철학자는 물론 그리스의 3대 비극 시인의 작품 등 그리스, 로마 시대의 주옥같은 걸작들이 모두 라틴어로 기록되어 있던 시절이다.

이때 수도원 성직자들을 중심으로 그리스, 로마 시대의 문학 작품 등을 그리스어로 그대로 복사하는 것이 널리 유행하고 있었다. 케플러가 예비 학교를 마칠 무렵 바일에서 급한 전보가 왔다.

'부친 사망. 빨리 집에 올 것.'

가난한 살림 때문에 용병으로 나갈 수밖에 없기도 했지만 전쟁에 나가 싸우는 것을 좋아했던 하인리히가 터키 전쟁에서 전사했다.

1589년, 케플러는 튀빙겐 대학에 들어갔다.

천문학과의 첫 만남

케플러의 집안은 독실한 신교도였다. 그래서 케플러는 신교파의 중심이었던 튀빙겐 대학에서 신학을 공부하고 성직자가 되려는 꿈을 키우고 있었다.

튀빙겐 대학에 입학할 당시 신학 전공을 희망했다. 이것은 가족과 주위 사람들의 바람이기도 했다. 그러나 그는 기하학과 천문학 분야에 뛰어나 항상 수석의 영예를 놓친 적이 없었다. 그는 뷔르템베르크 공의 장학금을 받았다. 케플러가 1학년 중간쯤을 보내고 있을 때였다. 같은 반의 한 학생이 이상한 노트를 보고 있었다. 천문학에 관한 필기였다.

그 대학의 매스틀린 교수의 강의 내용이었다. 매스틀린 교수의 강의는 튀빙겐 대학생들 사이에 이미 유명했다. 매스틀린은 천문학뿐만 아니라 수학도 강의하고 있었다.

그날 이후 케플러도 명성 높은 매스틀린의 천문학 시간을 수강했다. 매스틀린의 강의는 참으로 명강의였다. 천문학 시간이 어떻게 가는 줄도 모르게 흘러갔다. 그는 수업을 마치고 나서 매스틀린 교수가 강의한 내용을 되새기고 있었다. 첫 시간이었다.

"달의 회색빛은 태양광선이 지구에서 달 표면에 반사되면서 일어난 것이다."

지금까지 들어 본 적이 없는 내용이었다. 케플러는 이 기상천외한 강의 내용을 듣고 전기에 감전된 듯했다.

매스틀린은 아피안 교수의 후임으로 1583년에 튀빙겐 대학의 수학 및 천문학 교수가 된 소장파 교수였다. 그는 코페르니쿠스의 태양중심설 신봉자였다.

천문학에 매료된 케플러는 매스틀린의 연구실을 찾아가는 시간이 늘어났다. 두 사람 사이가 점점 가까워졌다. 그만큼 케플러의 천문학에 대한 열정은 뜨거웠다.

케플러는 당시 세력을 떨치고 있던 신학에는 관심도 없었다. 오히려 귀찮은 존재로 여기기도 했다. 신교 지역인 뷔르템베르크에서는 온갖 자유로운 활동을 가로막곤 했기 때문이었다. 성실한 케플러였지만 그러한 종교적 입장은 받아들일 수 없었다.

케플러가 코페르니쿠스의 태양중심설을 열렬하게 신봉할 즈음 매스틀린은 신학자로서 부적합한 인물로 교수들 사이에 낙인이 찍혔다.

이때 튀빙겐 대학의 교수 평의회는 매스틀린에게 자신의 신념에 반대되는 프톨레마이오스의 지구중심설만 강의하고 그레고리우스력에 대한 반대문을 쓰도록 강요했다. 그가 주저하자 당국은 그를 문책했다.

매스틀린은 지위를 잃지 않기 위해 명령에 복종할 수밖에 없었다. 그는 달력 속의 하찮은 몇몇 결론을 비난하는 것으로 가까스로 파면의 위기를 모면할 수 있었다.

이런 와중에도 방학을 맞이해 집에서 쉬고 있는 동안 케플러는 매스틀린 교수에게 한 통의 격려 편지를 보냈다.

"친애하는 선생님, 선생님이야말로 나의 밭을 기름지게 해 주셨던 강

케플러가 다녔던 튀빙겐 대학

물의 원천이십니다……."

매스틀린은 방학을 마치고 학교로 돌아온 케플러를 연구실로 불러 차를 대접하며 말했다.

"난 자네가 나의 뒤를 이을 재목이라고 생각하네. 옛날에 남을 가르친 사람이라고 해서 오늘날 우리가 무조건 존경해야 할 이유가 있나? 예술과 과학은 선조들이 아닌 자손에 의해 최고봉에 이르게 되는 것이라네. 명심하게."

케플러는 튀빙겐 대학 시절 내내 장학금을 받으며 학업을 계속했다. 1591년에는 석사 학위를 받았다.

수학 교사의 점성술 달력

케플러가 스물세 살 되던 해였다. 난생처음으로 자립할 수 있는 기회가 왔다. 이해에 케플러는 매스틀린의 추천으로 그라츠에 있는 루터파 학교인 주립 신학교 김나지움의 수학 교사로 취직하여 1594년 5월 24일에 첫 출근했다.

김나지움의 수학 교사로 사회에 첫발을 내디딘 케플러는 성직가가 되려고 했던 원래의 꿈을 미련 없이 떨쳐 버렸다. 케플러는 여기서 수학과 수사학 강의를 맡았다.

케플러는 강의를 마치면 재빨리 퇴근했다. 집에 돌아와 남은 시간에 점성술 달력을 만드는 데 매달려야 했기 때문이다. 그는 낮에는 점성술 달력을 만들고 밤에는 천체 관측을 하는 이중 생활을 하고 있었다.

케플러는 날씨와 정치적 사건의 예언에 중점을 둔 달력을 만들었다. 케플러의 점성술 달력은 몇 번의 농민 봉기와 기상 이변을 예언해서 적중하는 기록을 세웠다.

케플러는 이 점성술 달력의 적중으로 하루아침에 유명 인사가 되었다. 그는 신임 '주(州)의 수학자'로 임명되었다.

그 뒤에도 몇 해에 걸쳐 점성술 달력의 증보판을 계속 만들었다. 그는 과학적이지 못한 근거를 가지고 예언하는 것에 점점 더 부담을 느끼기 시작했다. 하루는 책상 앞에 앉아 고민하고 있었다.

"어찌할 수 없어서 하고 있는 일이야. 점성술을 한다는 것은 정말 공허한 짓이지만 이 일을 할 수도 안 할 수도 없잖아. 그러나 행실이 고약한 점성술이 나에게 빵을 벌어다 주지 않는다면 천문학은 틀림없이 배고파 죽었을 거야."

케플러는 점성술이 과학적인 면에서는 별로 쓸모없다는 생각에 동의

했지만 개인적으로는 인간의 활동과 별 행성들의 움직임에 신비스러운 관계가 있으리라고 믿었다.

무엇보다 그 달력은 케플러에게 꾸준한 수입원이었다. 점성술 달력은 그의 생계를 유지해 주는 주요 수단이었던 것이다. 그리고 그 점성술 달력 덕분에 황실 수학자로 발탁되었으며 황제 루돌프 2세와 발렌슈타인을 만날 수 있었다. 두 사람은 케플러의 점성술에 지대한 관심을 보였다.

케플러는 가끔 루돌프 2세의 초청을 받아 성대한 대접을 받으며 강의하기도 했다. 그럴 때마다 루돌프 2세는 흥미롭다는 반응을 보이곤 했다. 케플러의 점성술 달력은 나날이 유명해졌다.

우주의 신비를 캔 영웅

점성술 달력 판매와 교사 월급 등으로 어느 정도 생활이 편 케플러는 행성의 거리와 속도 사이에 나타난 기하학적 관계식을 증명하기 위해 밤낮을 가리지 않고 계산에 몰두했다. 그 당시 사람들이 알고 있는 행성의 수는 여섯 개였다. 즉, 수성, 금성, 지구, 화성, 목성, 토성이 그것이다.

케플러는 코페르니쿠스가 주장한 대로 행성의 궤도 사이에 존재할 수 있는 수학적인 관계를 찾아보았다. 다섯 행성의 궤도인 둥근 구 사이에 다섯 가지 종류의 정다면체를 꼭 맞추어 넣을 수 있음을 발견했다.

"우주는 기하학적으로 구성되어 있으며 만들 수 있는 정다면체가 오직 다섯 가지뿐이므로 행성도 다섯 개밖에 존재할 수 없다."

케플러는 기하학에 바탕을 두어 만든 자신의 모형을 신비로운 발견이라며 자랑했다. 이 세상에서 가장 위대한 업적이라고 자찬하기도 했다.

"나는 작센 제국을 다 준다고 해도 이 발견과 바꿀 수 없다."

케플러는 지구 궤도에 외접하는 정십이면체를 그리고 난 뒤 여기에 외접하는 화성의 궤도를, 화성의 구면에 외접하여 정사면체를 그려 여기에 외접하는 목성의 궤도를, 목성의 구면에 내접해서 정팔면체를 그리고 거기에 내접하는 수성의 궤도 등을 디자인했다.

케플러는 이러한 우주 원리를 만들어 내기 위해 열아홉 번 실패하고 스무 번째 도전해 성공했다. 그의 이러한 끈기는 평생 한결같았다.

케플러는 성취감에 도취해 매스틀린에게 편지 한 통을 보냈다.

"선생님, 행성이 태양의 주위를 돌고 있다는 것과 행성과 태양과의 거리에 관한 그동안의 연구를 책으로 펴내고 싶습니다. 검토하신 후 서문을 써 주시고 출판할 만한 곳을 택해 주시면 감사하겠습니다. 당신의 사랑하는 제자 요하네스 케플러 올림."

매스틀린은 점성술에 빠져 있는 불쌍한 제자가 천문학을 연구한다는 말을 듣고 기뻤다. 그러나 동봉해 온 원고『우주 구조의 신비』가 문제였다. 매스틀린은 케플러의 부탁을 받고 교수 평의원회에 토론 안건으로 상정했다. 매스틀린은 교수 평의원회의 시비 문제를 치른 지 얼마 안 돼 난처했다.

평의원회는 물어볼 것도 없이 그 책의 토대가 되는 태양중심설이 성서에 위배된다며 이의를 제기했다.

케플러는 이 소식을 듣고 다시 매스틀린에게 편지를 썼다.

"할 수 없는 일이군요. 제 일로 선생님이 곤란을 겪으시는 것을 원하지 않습니다. 때가 될 때까지 기다리는 수밖에 도리가 없을 것 같습니다."

하늘은 케플러의 편이었다. 곤란한 문제들이 해결되고『우주 구조의 신비』는 튀빙겐에서 1596년에 출판되었다.

이 젊은 저자는 이 책을 당대 최고의 두 천문학자인 튀코와 갈릴레이에게 보냈다. 두 사람은 놀랄 만한 천체의 균형을 우주의 신비로 해석한 케플러의 작품을 살펴보았다.

케플러가 그린 정다면체. 그는 다섯 개의 정다면체가 행성 궤도와 일치한다고 믿었다.

먼저 튀코와 갈릴레이는 하고 싶은 말을 장황하게 늘어놓은 케플러 작『우주 구조의 신비』서문을 읽어 보았다.

"이 발견이 나에게 얼마나 기쁜 것인지 이루 말할 수 없다. 나는 낭비했던 시간을 후회하지 않으며 어떠한 고생도 달게 받아들이겠다. 나는 계산이 아무리 까다로워도 겁내지 않았으며 '자연의 인식과 천문학은 주린 배를 채워주지 않는다'는 말과 코페르니쿠스의 원형 궤도가 일치하는지, 또는 나의 기쁨이 바람에 날려 가든지 스스로 납득하기 위하여 밤낮을 계산으로 지새웠다.

내가 예상한 대로 문제에 잘못이 없었을 때 나는 전능하신 신을 찬양하고 흰 종이 위에 검게 인쇄하여 사람들에게 알릴 신의 예지로 경탄할 만한 시련을 찬양했다. 따라서 모든 것이 아직 완성되어 있지 않으며 내가 그것들을 발견하지 못했다손 치더라도 그것에 대한 재능을 가진 다른 사람들이 되도록 많아지도록 짧은 시간에 신의 이름을 찬미하는 데 기여하고 이구동성으로 가장 높은 조물주를 찬양할 것이다. 그런데 며칠 후 문제가 풀려 물체가 잇따라 행성들 사이에 제대로 편입되는 것을 확인했으므로 나는 모든 시도를 책 속에 정리했다.

그리고 이 저술은 가장 유명한 수학자이신 매스틀린 선생님께서 인정해 주셨다. 옛 시인의 충고에 따르면 저술은 9년간 간수해 두어야 한다고 하지만 나는 스스로의 서약에 얽매여 그 충고를 따를 수 없었음을 독자 여러분은 이해해 주실 것이다."

그리고 케플러는 다음과 같은 시를 덧붙였다.

"나는 위대한 천계의 장관을 황홀히 바라본다. 이 정교한 솜씨를, 전능의 놀라운 기적을……."

프라하의 튀코와 피사의 갈릴레이 두 사람은 똑같은 말을 했다.

"이 젊은 친구 제법이군."

망명 생활

"결혼은 독일 학자의 예의에 속한다."

젊은 청년 케플러는 결혼을 선언했다. 1597년 4월 27일, 케플러는 뮤렉의 바바라 뮐러와 결혼식을 올리고 행복한 가정을 꾸몄다.

그런데 두려워하던 일이 닥치고 말았다. 이 무렵, 종교 개혁에 가담한 사람들에 대한 박해가 시작되었다. 예수회에서 교육받은 페르디난트 황태자가 『우주 구조의 신비』가 발표된 지 3년이 채 안 돼 황제가 되었다.

그는 왕위에 오르자마자 프로테스탄트 근절에 착수했다.

그라츠에서 행복한 가정을 꾸미고 있던 케플러는 범죄자처럼 그곳에서 도망치다시피 했다. 망명 생활이 시작되었다.

1598년 9월 28일 아침, 프로테스탄트 목사와 교사는 저녁까지 그라츠를 떠나고 8일 이내에 국외로 나가야 한다는 포고령이 내려졌다. 케플러도 그 가운데 한 사람이었다.

케플러는 가족을 데리고 잠시 헝가리로 피신했다가 1개월 뒤 그의 재능을 높이 평가하고 있던 예수회의 알선으로 귀국이 허용되었다.

케플러는 목숨까지 위협받는 박해 속에서도 신앙을 바꾸지 않았다. 자신의 서재를 조용하고 외로운 섬으로 여기고 연구를 계속했다. 그러나 이마저도 허용되지 않는 상황이 되었다.

1599년 8월, 케플러는 스승 매스틀린에게 막막한 생계와 신세를 한탄하면서 한 통의 편지를 보냈다.

"설령 살려 준다고 해도 이제 더 이상 그라츠에 머물 수 없습니다. 튀빙겐 대학에 교수 자리는 없을까요?"

교수회는 평소 케플러에게 좋은 인상을 갖고 있지 않다.

매스틀린으로부터 채용될 가망이 전혀 보이지 않는다는 회답이 오기도 전에 그의 생애와 운명에 새로운 전환점이 왔다. 1599년도 저물어 가고 있을 때 케플러는 프라하에 있는 튀코로부터 초청장 한 장을 받았다.

궁합

그라츠에서 프라하에 온 케플러는 튀코의 조수가 되었다. 그가 가족을 모두 이끌고 온 것은 몇 달 뒤였다. 그는 프라하에 오자마자 천체 관측실 책상 위에 산더미처럼 쌓여 있는 관측 자료들을 보고 기절할 뻔했다.

이러한 케플러를 보고 있던 튀코가 한마디 던졌다.

"이 관측 자료들을 임의로 이용해도 좋다. 단, 이 자료들을 천문대 밖으로 들고 나갈 수는 없다."

"대장님, 그래도 되나요?"

첫 출근을 마치고 집에 돌아온 케플러는 그날 밤 한잠도 이루지 못했다. 고동치는 심장 소리는 진정될 기미를 보이지 않았다.

프라하에 적을 둔 케플러는 『우주 구조의 신비』를 펴낸 이래 줄곧 우주의 법칙에 관심이 쏠려 있었다. 케플러는 신의 계획에 의해 만들어졌다는 확신 아래 행성의 수, 크기, 운동의 규칙을 탐구하는 일을 계속했다.

프라하에 있는 클레멘티눔 천문대

연구가 진행될수록 케플러는 정확하고 믿을 만한 관측이 얼마나 중요한지를 실감했다. 십 수년 동안 튀코가 이뤄 놓은 관측 자료는 믿을 만했다. 그의 마음 한 켠으로는 튀코를 존경했다.

케플러는 프라하 천문대에서 화성에 대한 연구를 하고 싶어 했다. 튀코가 연구원들을 모아 놓고 업무 배정을 할 때도 화성 관측을 맡겠다고 자청했다. 이러한 집념을 보이자 튀코가 물었다.

"자네에게 그럴 만한 이유라도 있나?"

"천문학의 비밀에 도달하기 위해서는 이 행성의 운동에 의존하지 않을 수 없습니다. 화성의 궤도가 실제 관측치와 잘 맞지 않는데, 그 원인을 캐고 싶습니다. 언제까지나 무지의 상태로 남아 있을 수는 없습니다."

그의 의지는 확고했다.

그가 프라하에 도착했을 때 그곳에서 마침 화성을 연구하고 있는 것을 보고 신이 내려 준 은총이라고 생각했다.

화성을 관측하는 데는 2년도 채 걸리지 않았다. 다른 행성은 훨씬 긴 시간 동안 관측해야 했다. 그러나 튀코의 화성 관측은 16년간에 걸친 것이었다.

케플러는 뛰어난 지성과 탁월한 집중력을 가지고 있었다. 그러나 비판을 달게 받아들이지 못하는 신경질적인 성향이 뚜렷했다. 얼마 안 가 케플러의 이러한 성격이 드러나기 시작했다.

그는 아버지뻘 되는 튀코에게 자주 대들었다. 이러한 케플러의 행실은 튀코 가족들의 눈에 거슬렸다. 그러나 그가 튀코를 존경하는 마음에는 변함이 없었다. 다만 모난 성격이 문제였다. 자신도 자신의 성격을 후회하는 일이 한두 번이 아니었다. 그래도 두 사람의 인연은 하늘이 맺어 준 것이나 다름없었다.

튀코 대장의 조수 케플러는 그동안 튀코가 해 온 정밀한 화성 관측을 누구보다 중요하게 평가했다.

케플러는 스스로 엄격한 연구 방침을 세웠다. 행성의 운동이 불규칙한 것은 지구의 운동 때문이라고 단정하고 먼저 지구의 궤도를 정확하게 알아내려고 했다.

1601년 9월, 튀코가 사망하기 한 달 전에 케플러는 지구 운동 연구에 착수했다. 연구는 순풍에 돛을 단 것처럼 착착 진행되었다.

1602년 여름이었다. 그는 연구실에서 화성의 궤도가 원형이 아니라 계란꼴 비슷한 형태일지도 모른다고 상상했다. 그러나 빠르게 진행되던 연구는 그 뒤에 발생한 튀코 유족과의 의견 충돌, 급여를 두고 벌어진 궁정과의 팽팽한 줄다리기, 신병 문제 때문에 잠시 중단되기도 했다.

역사를 움직인 대발견

케플러는 무엇보다 생계를 꾸려 나가기 위해서 궁정 회계소를 들락날락하며 월급을 받으려 승강이를 벌이는 일이 가장 곤혹스러웠다. 툭하면 3, 4개월씩 밀리곤 했다. 그는 친구를 찾아가 자신의 비참한 처지를 한탄했다.

"나는 매일 궁정 회계소에 서 있느라고 연구는 도무지 할 수 없다네. 그러나 나는 황제를 위해서뿐만 아니라 전 인류에게 봉사하기 위해, 현재를 위해서뿐만 아니라 후세를 위해 연구하고 있는 것이라고 스스로 생각하며 나 자신을 격려하고 있네."

튀코 브라헤 유족의 방해로 관측 기기를 쓸 수 없게 되었을 때에도 케플러는 관측 기록만은 자유롭게 들춰 볼 수 있었다. 그것은 튀코가 임종하기 전날 그에게 부탁한 유언 때문이었다. 튀코는 그가 만들어 놓은 관측 자료들을 이용하여 지구중심설을 증명해 달라는 유언을 케플러에게 남겼다.

화성의 궤도에 가장 큰 관심을 갖고 있던 케플러는 화성의 궤도 모양이 도저히 원을 이룬다고는 볼 수 없었기 때문에 균일한 원형 궤도를 돈다는 코페르니쿠스의 가설을 의심했다.

코페르니쿠스 신봉자였던 케플러는 튀코의 화성 관측 자료들을 원 궤도에 맞추려고 오랜 시간을 보냈다. 거의 성공했다고 생각했는데 튀코가 관찰한 위치는 원형 궤도에서 8분(1분은 1도의 60분의 1) 정도 벗어나 있었다.

케플러는 화성 궤도가 원형이라는 생각을 버려야 한다는 결론에 이르게 되었다. 이유는 튀코가 8분이란 큰 오차를 허용할 정도로 엉터리 관측가가 아니라는 점을 튀코의 조수로 있을 때 통감했기 때문이었다.

계산 실력이 뛰어난 그는 역으로 추적해 보기도 했다. 아무래도 오차를 없앨 수 없었다. 문득 그의 머릿속에 계란형이 떠올랐다. 그런데 이것도 속시원히 맞아떨어지지 않았다. 그는 마침내 계란의 한쪽을 찌그러뜨린 타원형을 구상했다. 타원 궤도는 단 몇 분의 오차도 없었다.

그는 미친 사람처럼 자신의 계산치와 튀코의 관측치를 맞춰 보았다. 딱 들어맞았다.

1605년 2월, 결국 태양에서 화성까지의 거리를 나타내는 식이 타원 방정식이라는 것을 알아냈다. 우주의 신비를 3분의 1만큼 캐내는 순간이었다.

케플러는 또한 공공연한 진리로 통하던 아리스토텔레스의 원형 궤도를 최초로 파괴한 위대한 반역자가 되었다.

행성의 운동에 관한 이 법칙은 행성은 태양을 초점으로 태양 주위의 궤도를 따라 움직인다는 것을 전제로 하고 있다. 태양은 모든 행성이 그리는 타원의 한 초점에 위치해 있으며 행성의 궤도를 이루는 타원은 모두 한 초점을 공유한다는 것이다.

타원 궤도 법칙은 순전히 경험에 의해서 발견되었다. 타원의 크기와 모양을 전혀 알지 못한 가운데 수많은 시행착오를 거치며 계산을 반복한 결과 낳은 노력의 대가였다.

그는 인류 역사상 처음으로 물리 법칙이 물체의 운동에 적용된 사례를 설명했다. 또한 움직이는 물체를 지배하는 법칙을 수학 공식으로 풀어 낸 최초의 과학자였다.

케플러는 1609년에 이러한 사실을 기록한 『신천문학』을 펴냈다. 이 책의 부제는 '화성의 운동에 대하여'라고 붙였다. 책의 속표지에 루돌프 2세에게 바치는 익살스러운 헌시를 쓰기도 했다.

"천문학자들은 이제까지 화성을 정복할 수 없었습니다. 그러나 우수한 장군 튀코는 20년의 야간 전투를 치르고서 적의 동태를 완전히 파악하는 데 성공했습니다. 그에 힘입어 저는 용기를 얻고 화성을 정복하는 데 성공했습니다. 앞으로 화성의 형제들인 목성, 금성 그리고 수성까지 정복하기 위해 황제께 청원하나이다. 이 출전의 비용을 지급하도록 국고를 열어 주시길 앙망하나이다."

탐험 소설을 모방해 독자들에게 흥미진진하게 보이고자 했던 이 책의 머리말도 재미있었다.

"화성은 인간의 발명에 대항한 최대의 승리자이다. 화성은 모든 천문학자의 계획을 비웃고 모든 천문 관측 기기를 파괴했다. 화성은 태초 이래 조심스럽고 안전하게 자신의 비밀을 감추고 가장 자유로운 궤도를 돌고 있다. 화성은 주목할 만한 별이다."

그러나 이 책은 부족한 출판 자금과 이 저서의 근간을 이루는 관측 자료를 제공한 튀코의 의도와 다르다는 이유로 텡나겔의 완강한 반대에 부딪혀 3년 동안 출판이 금지되었다. 모든 어려움을 극복한 뒤에도 사

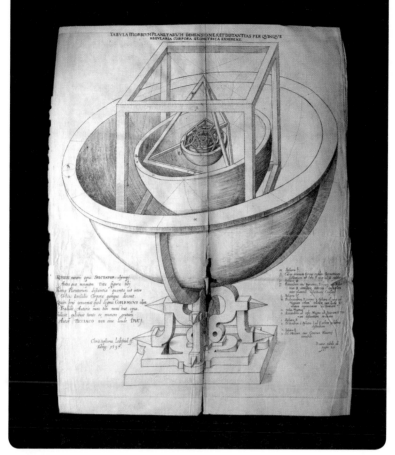

케플러가 연구 초반에 생각한 우주의 모습

정은 여의치 않았다. 프라하에서 출판 허용을 받았건만 인쇄는 하이델베르크에서 진행해야 했다.

　케플러는 이것만으로 만족하지 않다. 행성 운동에 관한 철저한 지식을 갈망하던 그는 연구를 다시 시작했다.

　그는 행성이 태양의 주위를 돌 때 나타나는 비밀을 찾아내는 데 몰두했다. 끝내 '면적 속도 일정의 법칙'과 '조화의 법칙'을 발견했다.

　'면적 속도 일정의 법칙'은 태양과 행성을 잇는 직선상에서 일정한 시간 내에 일정한 면적을 그리며 움직인다는 원리이다.

이 법칙은 그의 천재성과 탁월한 수학적 재능을 말해 준다. 이 법칙에는 그의 깊은 통찰력과 직관력이 배어 있다.

이 법칙을 발견할 때 케플러는 태양으로부터 그 궤도의 여러 다른 점에 위치한 행성까지 연결한 선들로 이루어진 타원을 조각 내고 그 면적을 계산해야 했다. 그는 대수학과 삼각법 등을 이용해 계산하는 일을 끈질기게 시도했다.

그는 이러한 과정을 거쳐 주어진 시간 동안 태양에서 행성까지 그린 선이 타원을 쓸고 가는 부분의 면적은 그 행성이 궤도의 어떤 위치에 있든 항상 같다는 진리를 깨달았다.

케플러는 행성의 운동에 관한 그의 세 번째 법칙, 즉 '조화의 법칙'을 1618년에 출판된 『우주의 조화』란 저서를 통해 발표했다. 이번에도 그전의 연구에서와 마찬가지로 행성의 주기와 태양과 행성 사이의 평균 거리로 만들 수 있는 모든 종류의 비율을 계산해 보면서 갖가지 시행착오를 거쳤다.

그 일은 대단히 힘겹고 정밀을 요하는 까다로운 작업이었지만 그는 행성이 태양 주위를 회전하는 주기와 그 행성에서 태양까지의 평균 거리 사이에 존재하는 올바른 관계를 발견할 때까지 꾸준히 밀고 나갔다.

그는 한 행성의 공전주기의 제곱은 태양에서 그 행성까지의 거리를 세제곱한 것에 비례한다는 대법칙을 발견했다.

위대한 진리를 깨달은 케플러는 그의 스승이자 상관인 튀코 브라헤의 업적을 저버리지 않았다. 기회가 있을 때마다 16년 동안 실시한 화성 관측 자료를 유산으로 물려준 튀코 브라헤의 업적과 노력을 찬양하는 일을 잊지 않았다.

"나는 이 발견을 위해 튀코 브라헤와 함께 일했고, 그 발견을 위해 프라하에 살았다."

불행을 딛고

케플러는 참기 힘들 만큼 생활고를 겪으면서도 묵묵히 연구를 계속했다. 1611년에는 아이를 천연두로 잃고, 그해 7월에는 아내마저 병으로 세상을 떠났다.

그리고 이해 케플러를 아껴 주던 루돌프 황제가 내란으로 왕위를 빼앗기고 대신 동생 마티아스가 왕위에 올랐다. 마티아스는 천문학뿐만 아니라 점성술까지도 싫어했다.

케플러는 프라하를 떠나야 했다. 1612년 5월, 린츠에 자리를 하나 얻을 수 있었다. 수학을 가르치고 측량을 감독하는 임무였다.

그러나 그는 온갖 불운에도 불구하고 그의 꿈을 잃어버리는 법이 없었다.

케플러는 1621년에 펴낸 『코페르니쿠스 천문학 개요』라는 저서에서 코페르니쿠스가 그 이론을 처음 발표했을 때와 그것이 어떻게 수정되었는지에 대해 자신의 견해를 설명했다. 그는 가상적인 우주론을 어떻게 이론적으로 통합하여 우아한 수학 이론으로 전개시켰는지를 보여 주었다.

『코페르니쿠스 천문학 개요』는 당시 유럽에서 천문학 교과서로는 가장 널리 읽혔는데, 행성의 운동에 관한 케플러의 세 가지 법칙은 물론 태양중심설이 사상 처음으로 아주 상세히 묘사되었다.

케플러는 1607년 5월 28일의 일기에 태양의 흑점에 관한 관측 기록을 남겼다. 태양과 수성이 내합의 위치에 왔을 때 가는 구멍을 통해 태양 광선을 암실 속에 투영시켜 종이 스크린에 상을 잡았다. 거기에 작고 희미한 반점이 나타났다. 그는 이것을 수성이라고 기록했다.

그러나 그것은 태양 흑점이었다. 후세 학자들이 수성은 그가 관측한 날에 태양 면에 와 있지 않았다는 것을 밝혀 냈다.

케플러는 혜성 연구가이기도 했다. 혜성이 공중 현상이라고 생각하던 시대에 케플러는 튀코 브라헤 대장과 함께 그것은 천체 가운데 하나라고 주장했다.

"하늘의 공기, 즉 에테르가 응축되어 혜성이 된 바다에 물고기가 많이 있듯이 하늘에는 그와 같은 혜성이 많이 있다."

가엾은 어머니

대천문학자의 어머니는 슈바벤의 어느 작은 도시에 살고 있었다. 그 이웃에 살던 한 여자가 병이 들었는데 케플러 부인의 마법에 걸렸다는 소문이 퍼졌다.

그의 어머니는 마녀 재판을 받게 되었다. 마녀로 화형당한 친척 밑에서 교육을 받은 그녀의 과거 경력이 상황을 불리하게 몰아 갔다.

케플러는 어머니를 고문과 화형에서 구해 내기 위해 부랴부랴 린츠에서 달려왔다. 와서 보니 다른 형제들은 꽁무니를 빼고 달아났고 케플러와 친한 변호사들마저 불쌍한 어머니를 변호하려 들지 않았다.

케플러는 온갖 위험을 무릅쓰고 어머니를 구하기 위해 나섰다. 사회의 병폐와 의연히 맞서 싸우는 그의 인간적인 모습은 감동적이었다.

그에게는 어머니의 생명만이 문제가 아니었다. 숱한 사람들이 아무런 죄도 없이 마녀 재판으로 희생되는 현실이 안타까웠다. 무지가 불러일으킨 인간의 불행을 그대로 내버려 둘 수가 없었다.

마녀 재판은 12세기 말부터 유럽 사회에서 페스트처럼 맹위를 떨쳤다. 이 재판은 교회에서 생겨났다. 교회는 심문관까지 임명했다. 불과 1년 만에, 이노센트 8세가 임명한 심문관은 보헤미아 지방에서만 마녀로 낙인 찍힌 마흔한 명의 여자를 불태워 죽였다.

중세엔 마녀를 화형시키는 일이 성행했다. 케플러의 어머니도 마녀라는 누명을 썼다.

케플러는 어머니를 구출하기 위해 3년간 갖은 애를 썼다. 어머니는 결국 무죄로 석방되었지만 그때 받은 학대로 1622년에 세상을 떠났다.

한편 케플러는 재판으로 완전히 빈털터리가 되었다. 육신은 물론 정신까지도 기진맥진한 상태였다.

중세의 미신이 낳은 마녀 사냥을 뿌리 뽑기 위해 앞장선 용감한 삼총사가 있다. 코르넬리우스 아그리파, 요한 바이어, 주페가 그들이다.

케플러와 같은 시대에 활동한 예수회의 신부 주페는 뷔르츠부르크에서 2년에 걸쳐 200명에 가까운 희생자들이 감옥에 들어갈 때부터 화형장에 오르기까지 곁에서 지켜본 생생한 경험을 바탕으로 그들은 모두 무죄라고 부르짖고, 고문의 고통보다는 차라리 죽는 편이 낫기 때문에

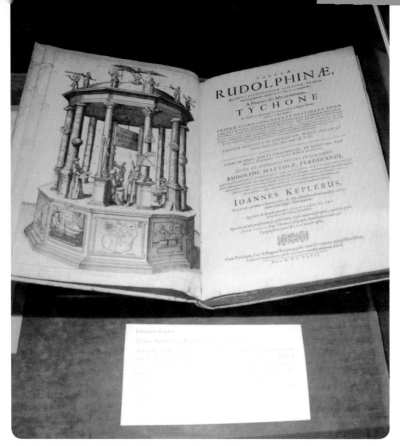

케플러가 말년에 완성한 『루돌핀 목록』

자신이 악마라고 자백하는 것이라고 항의했다. 그는 익명으로 한 권의 책을 저술하여 의사와 신학자들에게 경고하기도 했다.

루돌프에게 바침

빈털터리가 된 케플러는 노후의 10년간 끼니를 걱정하는 가난 속에서도 두 가지 연구를 중단하지 않고 계속했다. 케플러는 튀코 브라헤의 관측 자료를 활용해 기존의 행성 운동표와 비교가 안 될 만큼 정확한 행성표를 작성하는 일에 착수했다.

케플러는 황제 루돌프 2세가 천문학에 보인 공적을 기려 이 행성 운행표에 '루돌핀 목록'이라고 이름 붙이기로 결정했다. 때는 1627년이었다.

『루돌핀 목록』은 많은 도표로 이루어졌다. 도표가 119쪽이나 되었다. 120쪽은 판형이 너무 커서 한 번 접어야 했다. 행성과 태양과 달에 대한 도표와 1,000개의 별의 위치가 실려 있었다. 앞표지의 면지에는 요란스럽고 사치스러운 바로크풍의 문양을 새겨 넣었다.

『루돌핀 목록』은 1631년 11월 7일에 금성이 태양 면을 통과할 것을 예언했는데, 케플러가 죽은 뒤 파리 천문대에서 관측에 성공했다.『루돌핀 목록』은 100년 동안 유럽에서 하늘의 등대로 사용되었다.

그는 이 목록을 오스트리아에서 출판하기로 동의하는 대신에 궁정에서 받지 못하고 밀린 급료 6,300굴덴을 받기 위해 세 도시에 세금을 부과하도록 오스트리아 황제 페르디난트 2세를 설득시켰다.

케플러는 그가 받기로 한 액수의 3분의 1밖에 지급받지 못했지만 린츠에서 그 책을 인쇄할 경비로는 충분했다.

그렇지만 그가 린츠의 새집에 정착하자마자 유럽에서 반종교 개혁이 일어났다. 이번에는 16세기 개신교로 시작된 종교 개혁과는 달리 로마 가톨릭 내부에서 일어난 개혁 운동이었다. 그의 집 앞까지 전쟁이 몰아쳤다. 린츠 시는 봉쇄되었으며 인쇄소는 완전히 불에 탔다.

그는 마지막 심혈을 기울인 이 작품이 출판되는 것을 영원히 볼 수 없을지 모른다는 두려움으로 가득 찼다. 그는 짐을 꾸려 울름으로 옮겼다. 그곳에서 새 인쇄업자와 계약을 맺은 뒤 출판 과정을 직접 관리했다.

울름은 도나우 강을 끼고 있는 큰 상업 도시이자 학문과 예술의 도시이기도 했다. 그는 이곳에서 평온을 되찾고『루돌핀 목록』을 완성하였다. 이것은 케플러의 마지막 업적이 되었다.

이 책의 서문은 길고 많은 이유를 담고 있었다.

"오랫동안 쇠퇴해 있던 천문학의 회복을 꾀한 불사조 천문학자 튀코

브라헤에 의해 1564년에 처음으로 착안되고, 이어 별의 정밀한 관측에 의하여, 특히 카시오페이아자리에 신성이 빛나며 나타났던 1572년 이래로 본격적으로 도전하여 자신의 많은 재산을 투자하고 덴마크 왕 프레데리크 2세의 원조를 얻어 벤 섬에 설치한 우라니보르크에서 관측하고, 마지막으로 1598년에 독일의 루돌프 황제의 이름 밑에 옮겨진, 바야흐로 재가되었으면서도 발기인의 죽음으로 중단된 이 표를 1601년에 루돌프, 마티아스, 페르디난트의 세 황제의 칙명과 지원에 의하여 남겨진 관측에 바탕하고 이미 완성되어 있는 부분을 본보기로 하여, 요하네스 케플러가 처음에는 루돌프 황제에 의해 튀코에게 붙여진 계산 조수로서, 다음에는 앞에 든 황실의 수학자로서 다년간의 연구와 계산에 의해, 프

케플러는 이곳 레겐스부르크에서 59세의 나이로 쓸쓸히 생을 마감했다.

라하에서뿐 아니라 린츠에서도 연구했는데 이곳에서는 또한 의회의 지원을 얻어 완성하고 여러 조건과 영속성 있는 계산을 공식으로 만들고, 또한 마지막으로 페르디난트 황제의 명에 의하여 당대와 장래의 사람들이 사용하게끔 하기 위해서 독특한 활자와 숫자를 사용하여, 울름의 출판자 요나스 자우어를 통해 내놓다.”

이 목록이 출판될 무렵 케플러는 예수회의 알베르트 쿠르츠로부터 다시 한 번 개종할 것을 권유받았다. 그러나 그의 믿음은 흔들리지 않았다.

쿠르츠는 중국의 역법 개정에 협력하고 있는 예수회의 테렌티우스가 1623년에 유럽 수학자의 도움을 요청하면서 케플러의 저작 계획에 대해서도 궁금해하자 테렌티우스의 서신을 케플러에게 전달했던 사람이다.

종교와 정치적인 폭동이 끊이지 않자 그는 이탈리아나 네덜란드로 옮기고도 싶었지만, 황실 수학자로서 받는 급료를 포기할 수는 없었다.

유작이 되어 버린 『꿈』

케플러는 중부 유럽의 여러 공국들을 여행하면서 그의 후원자들에게 점성술을 이야기해 주며 시간을 보내고 있었다. 그것으로 용돈과 여비를 해결했다.

케플러는 마지막 유작이 될 『꿈』을 쓰고 있었다. 이 작품은 풍부한 상상력을 바탕으로 달에서 관찰한 천체의 운동을 그렸고 코페르니쿠스 체계의 천체관을 지지했다.

이 책은 케플러가 죽은 뒤 그의 아들 루트비히 케플러가 집안의 빚을 청산하기 위해 출판사에 팔아넘겼다. 또 그의 모든 유물들은 케플러의 후계자인 헤벨리우스에게 팔았다.

헤벨리우스의 천문대가 화재로 불타 버린 적이 있는데 천만다행으로 케플러의 작품들은 고스란히 건질 수 있었다. 그의 유물들은 소유주가 여러 차례 바뀌었는데, 마지막에는 오일러의 권유로 러시아의 여왕 예카테리나 2세가 2,000루블에 사들여 페테르부르크의 아카데미에 기증했다. 다행이었다.

그는 상상력이 매우 풍부했고 뛰어난 사색가였으며 애매하거나 구체적이지 않은 이론이나 가설은 결코 용납하지 않았다. 명백하고 정확한 관찰로 검증받을 수 있도록 체계화되어 있지 않으면 과감히 버렸다.

대천문학자의 일생은 가난의 연속이었다. 늙은 대천문학자에게 지불해야 할 체불 임금은 1만 2,000굴덴이나 되었다.

그런데 공국은 이 골치 아픈 빚쟁이로부터 벗어나기 위해 이 부채를

메글렌부르크 공에 임명된 발렌슈타인에게 떠넘겼다. 그는 로스토크 대학의 한 강좌를 케플러에게 맡기고 그것으로 어물쩍 넘기려 했다. 그의 나이 57세 때의 일이다.

발렌슈타인이 실각한 뒤 케플러는 자신의 채권을 의회에서 주장하기 위해 레겐스부르크로 갔다. 그러나 쇠약한 육체는 이제까지 겪어 온 궁핍과 격동에 더 이상 견디지 못했다.

그는 레겐스부르크에 도착한 지 얼마 되지 않아 여독과 고열로 쓰러졌다.

1630년 11월 19일, 59세의 가난한 일생을 마친 케플러의 장례식이 레겐스부르크에서 성대하게 치러졌다. 고관대작들이 대천문학자의 장례식에 앞다투어 참석했다. 그러나 프로테스탄트는 레겐스부르크 시내에 매장될 수 없었기에 장례 행렬은 시의 근교에 있는 성 베드로 교회로 향했다.

장례객들은 그의 묘에 비석을 세우고 그가 생전에 자신의 묘비명으로 남긴 2행시를 새겨 넣었다.

"나는 천계를 재었으나 이제 지하 세계의 그림자를 잰다. / 영혼은 천상의 것이건만 육체의 그늘은 여기에 누워 있노라."

그러나 케플러는 사후에도 편안히 잠들 수가 없었다. 30년전쟁의 소용돌이로 케플러의 무덤은 파괴당했다.

한편 중세 천문학계에는 여명이 밝아 오고 있었다.

요하네스 케플러

인터뷰

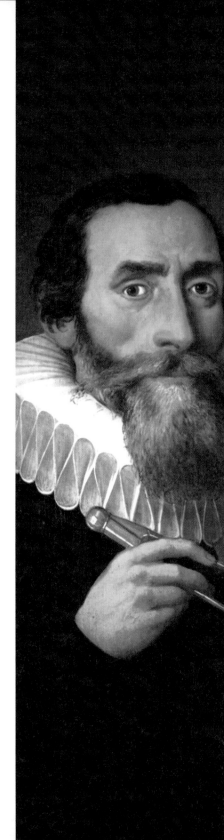

중등학교 수학 교사 출신의 이론 천문학자가 발견한 새로운 우주의 법칙이 중세 유럽을 송두리째 흔들어 놓았다. 겨우 서너 명의 학생을 앉혀 놓고 지루한 수학 강의를 하다 말고 번뜩 떠오른 아이디어가 천문학 역사의 물줄기를 바꿔 놓았다.

그는 우라니보르크 천문대의 설립자이자 상관인 튀코 브라헤가 남긴 화성의 관측 자료들을 수학식으로 계산하여 행성의 궤도가 타원이라는 사실을 밝혀 내고, 우주의 세 가지 법칙을 발견했다. 교회의 억압 아래 1,000년 동안의 깊은 침묵에 빠져 있는 중세 과학에 힘찬 생명력을 불어넣었지만, 그는 평생 가난과 불행 속에서 살았다. 그의 식솔들 또한 점성술 달력을 만들어 벌어들인 쥐꼬리만 한 박봉으로 목구멍에 겨우 풀칠이나 하며 생활고를 이겨 내야 했다. 그는 점성술 달력 편집인으로서의 명성에 힘입어 황실 수학자로 발탁되었다. 불운의 과학자는 일흔넷의 노모 카타리나 케플러가 마녀라는 누명을 쓰고 개신교 감옥에 갇혔을 때 만사를 제쳐 두고 어머니를 구출하러 먼 길을 달려가야 했다.

관측 천문학의 대가 튀코 브라헤가 벤 섬에서 쫓겨나 프라하에 세운 천문대로 가서 합류한 것이 우주의 신비를 해독하는 데 필요한 열쇠를 손에 거머쥔 계기가 되었다. 근대 천문학의 선구자를 잉태한 요람이 된 셈이다.

볼품없는 외모를 지닌 그는 뛰어난 지성과 탁월한 집중력을 가졌지만, 비판을 달게 받아들이지 못하는 신경질적인 성향이 강한 인물로 평가되고 있다.

"튀코 '화성 원형 궤도' 주장은 억지"

▲ 타원 궤도를 발견하게 된 동기에 대하여

– 튀코 브라헤의 천문대에 출근한 첫날, 나에게 준 과제가 화성을 연구하라는 것이었다. 화성 연구는 나의 희망 사항이기도 했다. 아마도 튀코는 예측 궤도와는 달리 들쑥날쑥 움직이는 화성이 영 마음에 안 들었나 보다. 기원전 6세기의 피타고라스로부터 플라톤, 프톨레마이오스가 믿었고, 코페르니쿠스마저 원형이 아닌 궤도는 "생각만으로도 끔찍하다"라고 단언해, 원형 궤도를 버릴 생각은 엄두도 못 냈다. 그러나 3년씩이나 끌며 계산이라면 신물이 나도록 씨름했는데도 실제 관측과 예측이 일치하지 않아 선배들의 원형설을 포기한 것이 그만⋯⋯.

▲ 튀코 브라헤에 대하여

– 나와 함께 연구한 것은 불과 18개월밖에 안 되지만 우리는 서로 성격이 맞지 않아서 걸핏하면 다투고 화해하기를 밥 먹듯이 하면서 참아야 했다. 튀코는 비할 데 없는 부자이지만 좋은 재물을 활용할 줄 모르는 인색하기 짝이 없는 사람이다.

▲ 점성술에 대한 의견은?

– 모순이긴 해도, 천문학자인 내가 끼니를 때우는 데 쓰는 도구로선 그만이다.

『우주 구조의 신비』

1596년에 25세의 소장파 과학자 케플러가 오스트리아 그라츠의 루터파 학교에서 수학 교사로 재직할 당시 펴낸 첫 번째 저서다. 이 책은 코페르니쿠스의 『천체의 회전에 관하여』를 지지한 첫 연구인 셈이다.

"이 책을 통해 내가 느낀 기쁨이 얼마나 큰지 말로는 결코 표현할 수 없다. 나는 더 이상 그 시간들이 허비되었다고 생각하지 않는다."

젊은 케플러는 갈릴레이가 그의 자작 망원경을 가지고 발견한 천체에 대해 자문을 구할 정도로 유명한 과학자가 되었다.

매스틀린

보기 드물게 코페르니쿠스주의자였던 매스틀린은 우주의 신비를 캔 케플러에게 많은 영향을 미쳤다. 16세기 후반의 많은 천문학자들이 행성의 위치를 계산하거나 표를 만들기 위해 기꺼이 코페르니쿠스의 기하학 체계를 이용하려 한 반면, 태양 중심의 우주론을 실제로 받아들인 사람이 거의 없던 시절이다.

『루돌핀 목록』

행성과 태양과 달에 대한 도표와 그에 연관된 대수표는 물론이고, 튀코 브라헤가 관측한 1,000여 개의 항성을 정리한 표와 연대별 요약 표, 그리고 별의 위치를 나타낸 도표도 들어 있다.

지침서가 120쪽, 도표가 119쪽에 이르는 이 표는 브라헤가 30년에 걸쳐서 관측한 자료들을 집대성한 목록으로, 수정해야 될 내용이 많아 1628년에야 겨우 세상에 나오게 되었다.

존경하는 케플러 씨에게

케플러 씨, 신은 세계를 창조한 이래로 계속해서 인간의 이해를 기다려 왔답니다. 선생 시대에 하늘을 연구하는 방식에는 두 가지가 존재했다고 들었습니다.

한편에서는 이론 천문학자들이 기하학적인 방법으로 행성의 위치를 예측하거나 달력을 제조하고, 시간을 측정하고, 항해 같은 영역에서의 응용 방식을 다루었습니다.

또 한편에서는 '자연 철학자들'이 하늘의 물리적 본성과 운동 메커니즘을 다루고 정량 분석적인 방법으로 우주의 크기 등을 다루었습니다.

그 시절, 기독교에선 완벽하고 신비한 세계의 존재를 확신한 피타고라스 학파 사상을 그대로 답습했답니다. 케플러 씨도 초기에 신학 교육을 받을 때에도 마찬가지였지요.

케플러 씨, 우주는 곳곳마다 조화로운 비율로 꾸며져 있을 뿐만 아니라 행성의 움직임까지도 수학적으로 관계를 갖고 있다는 학설이 지배적이었던 시대였습니다.

케플러 씨도 한때는 피타고라스 학파를 추종하며, 10년이란 세월을 어영부영 넘기다가 정신 차렸다고 들었습니다. 그러고 피타고라스 학파의 주문에서 빠져나온 건 피타고라스 학파와는 달리 실험과 관측의 중요성을 믿었기 때문이었겠지요?

'케플러 씨, 파이팅!'

> **66**
>
> 네 개의 별들이 목성 둘레를 도는 모습을 보고
> 코페르니쿠스의 태양중심설을 확신하게 되었다.
> 코페르니쿠스가 주장했듯이
> 지구도 태양의 주변을 도는 행성임에 틀림없다.
>
> **99**

who?

1564~1642

이탈리아에서 태어난 그는 진자의 등시성. 관성의 법칙을 발견했다.
코페르니쿠스의 태양중심설을 확립하려고 쓴 저서
『두 주된 세계 체계에 관한 대화』는
교황청에 의해 금서로 지정되었으며 이단 행위로 재판을 받기도 했다.

갈릴레오 갈릴레이 Galileo Galilei

교황청의 핍박 속에
최초의 빛을 발견하다

갈릴레오 갈릴레이가 태어난 이탈리아 피사

우연

1564년 2월 15일은 인류 역사상 기념할 만한 날이었다. 미켈란젤로가 사흘 전에 숨을 거두었고 이탈리아와 영국에서는 두 거성이 탄생했다. 이탈리아의 피사에서는 갈릴레이가, 영국에서는 대문호 셰익스피어가 세상에 태어난 것이다. 우연치고는 기이한 징조였다.

갈릴레이의 고향 피사는 피렌체의 지배를 받고 있었다. 피렌체는 르네상스의 본고장이었다.

14세기 이후부터 북부 이탈리아의 여러 도시에서는 고대 문화의 부활

지구는 태양계의 작은 행성

과 재생을 뜻하는 르네상스가 일어나기 시작했다. 중세 사회의 경제 기반은 그전까지의 세계관을 허물어뜨리는 데 결정적으로 기여했다. 지중해 무역에 힘입어 상업과 화폐 경제가 발달하기 시작한 이탈리아는 유럽에서 가장 먼저 봉건제가 해체되었다. 도시 시민들 사이에서는 자유로운 창작 활동이 싹트고 있었다. 항구 주변의 베네치아와 제노바, 내륙에는 피렌체와 밀라노 등의 도시 국가가 번성을 누리고 있었다.

중세 내내 비잔틴 제국의 문화에 접촉해 온 동로마 제국의 콘스탄티노플이 1453년 오스만투르크에 함락된 뒤 많은 그리스 학자들이 고전을 가지고 이탈리아로 망명해서 거의 잊혀졌던 그리스의 지식이 부활되고 그리스 철학의 원전이 쏟아졌다. 고대 로마 제국의 본토에 살고 있는 이탈리아 사람들은 라틴어에 가까운 말을 사용하고 로마인의 후예임을 자랑스러워했다.

이탈리아 르네상스 문화의 핵심은 미술이었다. 미술은 한결같이 자유분방한 정신세계를 동경했다. 세속적인 주제를 다루면서도 이 세상의 아름다움과 완전함을 추구했다.

16세기 초에는 로마가 르네상스의 중심이 되었다. 율리우스 2세와 레오 10세 등 이른바 르네상스 교황이 나타나 문화를 보호했다. 1526년에 신성 로마 제국 황제군의 침략을 받아 로마의 르네상스는 쇠퇴하지만, 활판 인쇄술의 발달에 힘입어 나폴리, 베네치아, 밀라노 등 전 이탈리아로 퍼져 나갔다.

한편 르네상스는 여러 전문 과학을 잉태했다. 철학이 신학에서 해방되고 정치학이 종교, 도덕에서 분리되었으며 자연 과학이 철학과 신학으로부터 독립되었다. 자연 과학은 실험과 관찰에 기초를 둔 분석적이고 종합적인 방법을 채택하기 시작했다.

르네상스의 본고장으로서 유럽 근대화의 선구자인 이탈리아는 중세의 암흑이 걷힐 무렵까지 강력한 통일 국가를 이루지 못하고 공화국과 공국으로 분열되어 서로 지배권 쟁탈전을 벌이고 있었다. 이때 레오나르도 다 빈치, 라파엘로, 미켈란젤로, 단테, 페트라르카 등이 등장해 불후의 명작들을 남겼다.

이탈리아의 르네상스 운동은 15세기 말에는 알프스를 넘어 네덜란드, 에스파냐, 프랑스, 영국 등 유럽 일대로 퍼져 나갔다.

네덜란드는 상업의 중심지로서 일찍부터 모직물 공업이 발달하여 자유로운 시민 사상과 활동이 전개되면서 유럽 르네상스의 중심지가 되었다. 그들은 그리스도교적이기는 하지만 교리에서 해방된 신앙 윤리를 창조했다. 『우신 예찬』의 저자 에라스무스는 초기 그리스도교의 순수함과 소박함, 자유로움을 주장했다.

지리상의 발견에 힘입어 경제적으로 번영을 누리고 있던 에스파냐는 이탈리아와 끊임없이 교섭하면서 이탈리아 르네상스의 영향을 크게 받았는데, 궁정이나 귀족을 중심으로 르네상스 문화를 꽃피웠다. 세르반테스는 몰락한 기사 계급을 신랄하게 풍자한 『돈키호테』를 남겼다.

프랑스는 16세기 초에 프랑수아 1세, 앙리 2세 때 르네상스의 전성기를 맞이하였고, 봉건적 요소가 여전히 남아 있던 독일에서는 15세기의 로이힐린, 16세기를 대표하는 멜란히톤, 후텐 등이 성서의 원전과 그리스도교의 기원을 연구하는 데 몰두해 현실 사회와 가톨릭 교회를 날카롭게 비판하면서 종교 개혁의 토대를 마련했다.

영국에서는 14세기에 초서가 이탈리아 르네상스의 영향을 받아 『캔터베리 이야기』를 지어 르네상스의 길을 열었으나 백년전쟁 등으로 발전하지 못했고, 튜더 왕조가 확립된 이후에야 비로소 본격적으로 전개되었다. 16세기 후반 엘리자베스 시대에 이르러 『햄릿』, 『베니스의 상인』, 『맥베드』 등을 지은 셰익스피어가 등장하면서 국민 문학의 황금기를 열었다.

이탈리아에서 르네상스의 열기가 식어 갈 무렵 과학이 날갯짓을 시작했다. 미켈란젤로가 운명한 바로 그날 갈릴레오가 이 세상에 모습을 드러낸 것은 상징적이었다.

그 당시 과학은 아직 유치한 단계였고 신과학 운동은 교회의 억압 아래서 기를 펴지 못했다.

이때 빈센초 갈릴레이의 집안에서 갈릴레오 갈릴레이가 태어났다. 그는 어렸을 때부터 아버지를 좇아 자유분방한 논쟁을 즐겼다.

빈센초 갈릴레이는 몰락한 귀족 출신으로 음악과 수학을 사랑하는 상인이었다. 그는 고전 음악과 당대 음악에 관한 비평서를 집필하여 권위주의를 비판했다.

갈릴레오는 영리할 뿐 아니라 사고력도 뛰어났으며 지식에 대한 욕구가 대단했다. 그는 피렌체 근처의 수도원에서 초기 교육을 받고 피사 대학에 진학했다.

괴짜 대학생

빈센초 갈릴레이는 비상한 재주를 가진 아들에게 의학을 전공하라고 했다. 그러나 갈릴레오는 의학보다는 천문학과 수학에 취미가 있었다. 그는 끝내 아버지를 설득해 처음에는 수학, 후에는 물리학과 천문학으로 발걸음을 옮겼다.

그는 피사 대학에 들어간 초기부터 두각을 나타내기 시작했다. 아름답고 정확하게 문장을 묘사하는 타고난 재주꾼이기도 했다. 그에게는 아버지로부터 물려받은 반골 기질도 다분했다.

갈릴레오는 괴짜 대학생이었다. 다른 강의실 문 앞에서 강의를 몰래 엿듣고 학생들의 강의 노트를 들추어 보기 일쑤였다. 피사 대학의 수학 교수는 갈릴레오의 소문을 듣고 그 괴짜를 지도하겠다고 자원했다. 이 것이 전공을 의학에서 수학으로 바꾸는 계기가 되었다.

이 무렵 물리학 분야에서는 아리스토텔레스의 학설이 논란의 여지 없이 성서의 권위에 버금가는 권위를 누리고 있었다. 물리학의 모든 문제는 아리스토텔레스의 책을 뒤져서 해당되는 대목을 찾아 해석하는 풍조가 널리 유행했다.

반골 기질이 강한 갈릴레오는 실험에 의해 증명된 사실 이외에는 어떠한 권위도 인정하지 않으려 했다. 급기야 아리스토텔레스의 운동 이론에 의문을 품게 되었다.

갈릴레이는 피사의 사탑에 올라 다른 무게를 가진 물체의 낙하 시간이 같다는 것을 증명했다.

그는 많은 사람들이 지켜보고 있는 가운데 아리스토텔레스의 운동 이론을 반박하기 위해 피사의 사탑으로 기어 올라갔다. 그리고 가지고 올라간 납과 코르크를 떨어뜨렸다. 아리스토텔레스의 학설과 반대로 서로 다른 무게를 가진 물체의 낙하 시간이 똑같다는 사실을 증명하려던 참이었다. 그의 행동은 지체 높은 교수들의 눈살을 찌푸리게 했다. 한편 겁쟁이 친구들은 그를 비난했다.

"이봐, 반란군. 좀 잠자코 지낼 수 없나."

"나에겐 이성과 경험이 중요해."

갈릴레오는 성당에서 기다란 사슬에 매달린 램프가 바람에 흔들리는 것을 보았다. 재빨리 자신의 맥박수로 진동 시간을 재었다. 진자 운동의 등시성이 발견되는 순간이었다.

진자 운동의 등시성이란 길이가 일정한 진자는 진폭이 크고 작음과는 관계없이 진동하는 데 똑같은 시간이 걸린다는 것이다.

지식 추구에 목말라하던 그에게 가장 많은 자극을 준 사람들은 유클리드와 아폴로니오스, 아르키메데스였다. 그들은 갈릴레오의 훌륭한 교사였다. 갈릴레오는 그들의 초상화를 향해 머리를 조아리곤 했다.

"내가 그들에게 보답하는 길은 과학의 학습이 아니라 과학의 개발을 사명으로 삼는 것이다."

젊은 반역자

갈릴레오 갈릴레이는 스물다섯 살 때 교단에 섰다. 그리고 공공연히 아리스토텔레스의 물리학에 반기를 들었다. 이는 아리스토텔레스 학파 교수들을 괴롭혔다. 한편 배짱이 두둑한 그는 자신의 과학적 확신을 아리스토텔레스보다도 한 수 위라고 주장했다. 피사는 젊은 반역자를 용서할 수 없었다. 피사 사람들은 자신의 견해를 완강히 주장하며 물러서지 않는 이 싸움꾼을 추방하기로 결정했다.

이때 마침 베네치아의 원로원이 파도바 대학으로 그를 초빙했다. 그는 기꺼이 받아들여 1592년 12월에 취임하고 첫 강의를 했다.

갈릴레이는 파도바 대학의 교수로 취임한 이후 과학 개발을 위해 활동을 전개했다. 그는 그곳에서 코페르니쿠스의 영혼과 조우했다. 코페르니쿠스는 그에게 행성이 태양 주위를 돈다는 태양중심설을 가르쳐 주었다.

갈릴레이는 코페르니쿠스의 지지자인 케플러에게 이 사실을 고백했다.

두 사람의 국적은 달랐지만 마음이 통했다. 갈릴레이의 말솜씨는 천하일품이었다.

"위대한 동맹자를 찾을 수 있어서 얼마나 행복한지 모르겠습니다. 진실을 향해 나아가고 잘못된 철학적 사변법을 던져 버릴 용기가 있는 사람을 거의 찾아볼 수 없다는 것은 실로 통탄할 만한 일이 아닐 수 없습니다. 그러나 지금은 우리 시대의 이 슬픈 현상을 한탄하고 있을 때가 아닙니다."

그는 아리스토텔레스의 미신을 타파하기 위해 많은 근거를 수집했지만 세상에 발표할 용기가 부족했다.

갈릴레이는 중세 학문 세계의 공용어인 라틴어에 능숙했지만 이야기할 때나 집필할 때는 모국어인 이탈리아어를 사용했다. 이는 스콜라 철학자에 반발했기 때문이다.

새 시대의 예언자 주변에는 지식욕이 불타는 젊은이들이 많이 모여들었다. 스웨덴 왕이 된 구스타브 아돌프 왕자도 파도바 대학 시절 갈릴레이의 강의를 들었다. 갈릴레이의 지지자들은 근대 자연 과학의 씨앗을 부활시킬 채비를 갖추고 있었다.

1604년이었다. 하늘에서 뱀자리에 느닷없이 초신성이 나타났다. 갈릴레이와 스콜라 철학자들 사이에 마침내 충돌이 일어났다. 입속에서만 맴돌던 불만이 폭발했다.

스콜라 철학자들의 맹주 아리스토텔레스는 하늘은 불변이라고 가르쳤다. 따라서 그들은 선생의 가르침에 따라 하늘의 이상 현상인 초신성을 인정할 수 없었다. 두 진영은 여러 달 동안 옥신각신 승강이를 벌였다.

▌ 화형식

이탈리아의 르네상스가 학문·예술의 신기원을 이루고 이베리아(에스파냐의 옛 이름) 반도의 지리상의 발견이 유럽인의 활동 무대를 확대시킬 무렵, 또 하나의 새로운 운동이 독일을 중심으로 일어나 유럽인의 정신세계를 뒤흔들었다. 종교 개혁이었다.

종교 개혁은 중세 가톨릭 교회와 영주들의 세력 다툼이 빚은 결과였다. 중세 봉건제 사회에서 가톨릭 교회는 초대 그리스도교의 생명력을 잃어버렸고, 종교 의식은 형식에 치우칠 뿐 내용은 없었다. 교회는 도덕적으로 타락하였고 교황은 교회를 확장하고 사치스러운 생활에 드는 비용을 충당하기 위해 성직과 면죄부를 강매했다. 교황청의 가구, 성물, 사도상까지 저당 잡히는 지경이었다.

주교와 수도원장은 대부분 귀족 출신으로 신앙을 위해서가 아니라 사치스러운 생활을 즐기기 위하여 그 직책에 있는 자가 많았다. 그들은 사치와 관능적인 쾌락에 빠져 독실한 신자들의 불만을 샀다. 한편에서는 성서 연구가 활발해져 교회와 교리를 근본적으로 비판하는 풍토가 자라고 있었다.

14, 15세기 영국의 옥스퍼드 대학 교수 윌리엄 오컴과 존 위클리프, 프라하 대학 교수 후스, 도미니크회 신부 사보나롤라 등이 교황을 비난하고 교회를 공격하였으며 신앙의 순수화 운동을 일으키다가 교황의 탄압을 당하거나 종교 재판에 회부되어 화형당했다.

1517년 교황 레오 10세가 성 베드로 성당의 신축 비용을 모금하기 위해 면죄부를 강매할 때 여러 가지 폐단이 나타났다. 비텐베르크 대학의 신학 교수였던 마르틴 루터가 교회의 벽에 라틴어로 된 95개조의 항의문을 내걸어 면죄부 판매를 비난했다.

이렇게 시작된 루터의 종교 개혁 운동은 유럽 전역으로 확산되었다. 스위스에서는 상업 도시 취리히에서 사제 츠빙글리가 종교 개혁을 일으켜 면죄부 판매를 반대하고 교회의 타락을 공격하였으며 종교적으로 자

인간 중심 신앙을 역설하다 화형당한 세르베투스

유로운 도시를 만들었다.

이 무렵 과학계에서는 프랜시스 베이컨의 학설이 널리 인정받고 있었다. 그는 코페르니쿠스의 적이었다. 그러나 코페르니쿠스의 태양중심설은 어느 시대보다 많은 지식인들에게 호응을 얻었다.

코페르니쿠스 작 『천체의 회전에 대하여』가 나폴리의 수도사 브루노의 손에 들어갔다. 브루노는 그날부터 생명을 걸고 코페르니쿠스의 태양중심설을 독파했다.

브루노는 도미니크회의 수도사였다. 그가 성 도미니크 수도원에 들어간 것은 불과 열네 살 때였다. 도미니크회는 옛날부터 신앙의 엄격한 수호자이자 이단의 맹렬한 공격자로 유명했다.

불타는 횃불을 입에 물고 있는 개의 얼굴을 그린 수도원 단기만 보아도 수도원의 분위기를 대강 알 수 있었다. 그렇지만 그들은 수도사 가운데서는 알아주는 학자들이었다. 복잡한 논문 속에서도 이단의 흔적을 여지없이 찾아냈다.

브루노가 도미니크 수도원에 온 것은 학문을 하기 위해서였다. 그는 자기의 눈으로 본 세계보다도 좀 더 넓은 학문의 세계를 원했다. 그는 학문이 새로운 눈을 주기를, 누구에게도 보이지 않는 것을 보이게끔 가르쳐 주기를 바랐다. 수도원에는 바닥에서 천장까지 몇 만 권의 책이 가득 쌓여 있는 도서실이 있었다. 그는 여기에서 처음으로 아리스토텔레스를 연구했다. 하지만 아리스토텔레스는 브루노가 품은 소망을 속시원하게 풀어 줄 수 있는 힘이 없었다.

일정한 수습 기간이 지나 사제가 되자 그는 나폴리로 갈 기회가 많아졌다. 그곳에서 학자들을 만나고 금단의 책을 찾아냈다. 코페르니쿠스의 책도 찾아 그가 그린 도표를 뚫어지게 살펴보았다. 한가운데에 태양이 있고, 그것을 둘러싸고 별들이 도열해 있었다. 그는 외쳤다.

"분명한 결론을 찾아내야지."

브루노는 이때부터 수도원 내에서는 금기인 코페르니쿠스의 저서를 노골적으로 펴 놓고 읽었다. 수도원 생활은 자연히 소홀해졌다. 그는 수도원 형제들의 눈 밖에 날 수밖에 없었다.

어느 날 수도원의 한 형제가 성모의 일곱 가지 즐거움을 쓴 책을 브루노가 비웃었다며 수도원장에게 보고했다. 또 한 형제는 그의 숙소에 성상을 모두 치워 버리고 십자가만 달랑 매달아 두었다고 일러바쳤다.

그 이후 그는 철저한 감시의 대상이 되었다. 얼마 안 가 130번이나 성

가톨릭 교회의 규율을 위반한 것으로 보고되었다. 변명거리를 찾아야 했다. 그래서 나폴리에서 로마로 급히 달려갔지만 모든 것이 허사였다. 그는 착잡한 심정을 억누르고 발길을 돌려야 했다.

도시와 도시, 나라와 나라를 돌아다니는 방랑 생활이 시작되었다. 알프스를 넘어 스위스에 가면 안심하고 숨어 있을 곳을 찾아낼 수 있으리라고 생각했다.

"도미니크회가 설마 거기까지는 세력을 뻗치지 못하겠지."

15, 16세기에 사제 츠빙글리와 칼뱅이 종교 개혁을 주도한 스위스의 제네바는 신교의 중심지였다. 이곳에서 성장한 신교파가 프랑스, 독일, 네덜란드, 스코틀랜드, 영국, 보헤미아, 폴란드 등지로 퍼져 나갔다.

브루노는 신교의 본고장 제네바에서 다시 한 번 실망했다. 수도사가 아닌 돈 많은 소상인 출신의 가짜 성직자들이 판을 치고 있었다.

이 도시에는 스페인 출신의 세르베투스의 유령이 떠돌고 있었다. 의학자이자 신학자인 그가 기독교의 정통 교리인 삼위일체설을 부정하고 극단적인 인간 중심 신앙을 역설하다가 조국에서 추방당해 제네바에서 붙잡혔다. 제네바 사람들은 그를 불태워 죽였는데, 꼬박 두 시간이나 화톳불에 구웠다.

이 끔찍한 사건은 브루노에게 입 다물고 몸조심하라는 경고의 의미를 담고 있었다. 그렇지만 그는 잠자코 있을 수가 없었다. 그리고 가짜 성직자들을 고발했다.

"저건 엉터리 박사다. 저런 사람이 무슨 학자란 말인가."

브루노는 가짜 성직자를 폭로하는 팸플릿을 찍어 냈다. 당연히 감옥행이었다. 그는 얼마 뒤에 풀려나 프랑스 남부의 툴루즈로 떠났다. 여기에서 학생들을 상대로 강의했다. 학생들은 어두운 밤에도 손에 촛불과 노트를 들고 강당으로 모여들었다.

브루노는 기존 학설과 상반된 이론들을 강연했다. 강당 가득 찬 눈동자에서 일제히 광채가 쏟아져 나왔다.

"움직일 수 있다고 생각되는 것은 모두 의심해 봐야 합니다. 아리스토텔레스와 프톨레마이오스는 새빨간 거짓말쟁이들입니다. 항성계는 공간적으로나 시간적으로나 머나먼 곳에 있는 우주입니다. 그리고 각 항성은 우리의 행성계와 비슷한 무수한 행성계에 모여 있습니다."

그는 뒷날 이때의 강의 내용들을 모아『무한 우주와 제세계에 대하여』란 책을 펴냈다.

브루노는 툴루즈를 뒤로하고 파리로 떠났다. 브루노는 때 아닌 시간에 사람들이 구경거리를 놓칠세라 열심히 바라보고 있는 것을 목격했다. 1572년 8월 23일부터 24일에 걸쳐 하룻밤 동안 3,000여 명의 위그노 교도를 학살하는 장면이었다. 성(聖) 바르톨로메오 대학살이었다. 한편 파리의 길거리에서 아리스토텔레스의 논리학에 반대한『아리스토텔레스의 변증법적 주해』를 쓴 피에르 드 라 라메가 학살당하기도 했다.

파리의 초창기 생활은 행복했다. 그는 무턱대고 새로운 것을 좋아하는 젊은 국왕에게 소개돼 극진한 대우를 받았다. 국왕은 브루노를 교수로 삼아 교회의 임무마저 면제해 주었다.

왕실의 학자가 된 브루노는 벼슬과 하사금도 받았다. 여기서도 그는 무식한 학자들의 허위를 폭로했고, 감옥행을 간신히 면한 후 파리를 떠나게 되었다.

브루노는 옥스퍼드를 찾아갔다. 영국의 명사, 귀족, 외국의 대사 그리고 여왕까지 참석한 강당에서 옥스퍼드의 거물급 교수 눈디니우스 박사를 공격했다. 추방령은 당연한 것이었다.

옥스퍼드에서 쫓겨나 프라하, 헤르무슈타트, 프랑크푸르트 등으로 발걸음을 옮겼다. 도시의 광장에서는 나팔소리에 맞춰 신흥 사상가들의

코페르니쿠스의 태양중심설을 추종하다 화형당한 브루노

책을 불태우는 일이 비일비재했다.

뼈에 사무치도록 조국이 그리웠던 브루노는 이탈리아로 돌아갔다. 고향에서 죽고 싶었다.

이때 도미니크회는 베네치아의 귀족에게 브루노를 불러오게 했다. 브루노는 베네치아의 상인을 철석같이 믿고 귀국선에 몸을 실었다.

그러나 그는 곧바로 베네치아의 감옥으로 향했다. 그는 8주 동안 심한 고문에 시달렸다. 상처투성이인 몸을 이끌고 어두운 감옥에서 기진맥진해 있었다. 이때 그의 앞에 수도원의 한 형제가 서 있었다. 그 형제의 얼굴은 초췌했다. 얼마나 많은 봉헌 기도를 바쳤는가를 말해 주었다.

"브루노 형제, 죽음으로 십자가의 보속을 받아야 하나요?"

브루노는 말이 없었다. 한참 동안 침묵만 계속되었다. 그는 백지장처럼 하얗게 야윈 손을 절레절레 내저었다.

"고맙소. 어서 이 자리를 뜨시오. 누군가 당신을 엿보아서는 안 되오. 십자가의 보속은 나 혼자만으로 충분하오."

그때 집무실에서는 재판관들이 브루노를 사형시킬 방법을 논의하고 있었다.

"몸을 죽이는 것으로 끝나서는 안 됩니다. 그전에 브루노의 넋을 죽여야 합니다."

"그렇다면 브루노를 로마로 보낼 수밖에 없군요."

그 후 이단자로 낙인찍힌 브루노는 로마에서 6년 동안 감금되었다. 어두운 복도 저편에서 발자국 소리가 들려왔다. 문이 열렸다. 늙은 도미니크 수도원장 신부가 나타났다.

"당신의 학설이 이단이라는 것을 인정하시오. 잘못된 생각도 취소하고. 우리는 형제가 죽는 것을 원하지 않는다오."

브루노는 자세를 흐트러뜨리지 않고 대답했다.

"제가 취소할 것이라곤 아무것도 없습니다."

원장의 발걸음 소리가 사라진 지 한 시간 뒤 브루노에게 사형이 선고되었다.

1600년 2월 17일. 수십만 명이 운집한 로마의 캄포 데이 피오리에서 교황을 비롯한 50여 명의 추기경이 참석한 가운데 화형식이 거행되었다.

사다리를 딛고 높이 쌓인 장작더미 위로 올라간 브루노는 쇠사슬로 기둥에 묶힌 채 장작불에 불탔다. 이단자는 마지막으로 외쳤다.

"우주는 무한하며 무한한 수의 세계가 있다."

이때 마침 갈릴레이도 로마에 와 있어서 캄포 데이 피오리로 서둘러 갔다. 브루노의 화형식 장면을 보고 돌아온 갈릴레이는 사흘 동안 물 한 모금도 입에 대지 않았다. 아무런 도움이 돼 주지 못한 브루노의 영혼을 위로하기 위해서였다.

가톨릭 교회는 프로테스탄트 혁명의 위협에 직면해 있었기 때문에 반대 견해에 관대할 수 없었다. 그리고 코페르니쿠스의 이론을 금지시킬 조짐을 보이기 시작했다. 코페르니쿠스는 다시 한 번 아리스토텔레스 지지자들에게 조롱을 받았다.

최초의 빛

브루노가 로마에서 사형된 뒤 망원경과 현미경이 등장했다. 추리와 고찰의 시대는 마감되고 실증의 시대가 다가오고 있었다.

1608년, 네덜란드의 리페르스하임이라는 안경 장수가 어느 날 우연히 노안용 볼록렌즈와 근시용 오목렌즈를 조금 떨어진 간격으로 늘어놓고 멀리 있는 교회탑을 바라보았다. 그는 아연실색했다. 선 탑이 훨씬 크고 뚜렷하게 보였다.

이 뉴스는 순식간에 유럽 전역에 퍼졌다. 파도바 대학의 갈릴레이 교수도 그 소식을 듣고 놀랐다. 이 첨단 기기가 멀리 있는 물체를 가까이 볼 수 있게 한다는 말에 귀가 솔깃했다. 그러나 반신반의하던 중에 프랑스의 귀족 자크 바도베르가 파리에서 편지 한 통을 보냈다. 편지에서 그 사실을 확인할 수 있었다.

"먼저 원리를 실험하고 실물을 만들어 보아야지."

갈릴레이는 대롱을 이용해 통을 만들고 양쪽에 렌즈 두 개를 끼워 보았다. 안경 장수의 이야기가 맞았다.

"야, 신기하구나. 이거 맨눈으로 볼 때와는 비교도 안 되는걸."

거리는 세 배 이상 가까워 보였고 물체의 크기는 아홉 배 이상 확대되

갈릴레이가 손수 만든 망원경

었다.

갈릴레이가 망원경을 발명했다는 소문이 베네치아에 전해지자 총독 부부가 그를 초청했다. 갈릴레이는 그 보답으로 총독 부부와 원로원 의원들을 이끌고 베네치아의 시계탑 위로 올라갔다. 총독에게 맨 먼저 망원경을 넘겼다.

"각하, 항구로 들어오고 있는 선박이 보이시는지요? 어떻습니까? 엄청나게 큰 배가 보이지 않는가요?"

총독은 맨눈으로는 보이지 않던 배가 항구로 다가오는 것을 발견했다.

마치 귀신에 홀린 듯했다. 귀족과 원로원 의원들은 서로 먼저 망원경을 들여다보려고 야단법석이었다.

"야, 눈에 보이지 않던 배가 보인다!"

"그래? 나도 보자."

"정말 그렇네."

갈릴레이의 망원경은 항구에 오려면 아직도 몇 시간은 더 기다려야 하는 배가 저 멀리서 다가오는 것을 보여 주었다. 주위는 환호로 웅성거리기 시작했다.

열광적인 환호성을 뒤로하고 집으로 돌아온 갈릴레이는 더 멀리 있는 것을 볼 수 있는 망원경을 만들겠다는 계획을 세웠다.

갈릴레이는 새로 만든 망원경의 구조와 용도를 설명한 문서를 총독과 원로원장에게 보냈다. 갈릴레이의 발명품은 총독을 기쁘게 했다.

"파도바 대학에 있는 갈릴레이 교수의 월급을 세 배로 올리겠노라."

재정이 풍부해진 갈릴레이는 망원경의 배율을 1,000배로 높이는 작업에 들어갔다.

그렇지만 당대 최대 배율을 자랑하는 망원경을 구경하겠다고 몰려든 인파를 당해 낼 수가 없었다. 아침 일찍부터 저녁까지 이상한 통을 보겠다는 군중들 때문에 연구는 고사하고 식사마저 할 수 없었다.

"갈릴레이 교수님, 저도 한 번 보여 주세요."

조그마한 소년이 갈릴레이에게 매달렸다. 이어서 또 한 노파가 갈릴레이를 찾아왔다.

"갈릴레이 선생, 오래 사니까 별것을 다 구경할 수 있군요. 죽기 전에 한 번 구경할 수 없을까요?"

구름 같은 인파가 썰물처럼 빠져나가고 없는 밤, 갈릴레이는 이상한 호기심이 발동했다.

"이걸로 달을 한번 볼까?"

망원경의 초점을 달에 맞춘 갈릴레이는 소리를 질렀다.

"달 표면이 매끈한 것이 아니라 지구처럼 울퉁불퉁하고 도처에 분화구가 있구나!"

갈릴레이는 밤마다 달을 관찰했다. 달은 미끈한 미모를 갖고 있지 않았다. 달의 표면은 움푹 패이고 산처럼 솟은 곳도 있었으며 주름투성이인 할머니의 얼굴 같았다.

그다음은 달을 지나 먼 하늘로 망원경을 돌렸다.

"아니, 맨눈으로 보는 것보다 별의 숫자가 더 많은 것 같은데!"

갈릴레이는 맨눈으로 볼 수 없던 별들을 목격했다. 형언할 수 없는 신비로움에 빠졌다. 우주를 비행하고 있는 듯한 착각마저 들었다. 하늘의 은하수가 무수히 많은 별들이 모인 것이라는 사실을 알았다. 그리고 황소자리의 플레이아데스는 일곱 개의 별로 이루어진 별자리가 아니라 수많은 별들의 집단이란 것도 알았다.

이번에는 망원경을 금성으로 돌렸다. 코페르니쿠스가 예언한 대로 금성은 달처럼 차고 기울었다. 금성이 달과 다른 점은 만월일 때는 작고 초승달처럼 일그러질 때 커다랗게 보인다는 것이었다. 이는 금성이 지구보다 안쪽에 있으며 태양의 둘레를 돌고 있기 때문이었다.

하늘을 탐구하는 일에 재미를 붙인 갈릴레이는 성능이 더 좋은 망원경을 제작했다.

1610년 1월 7일 밤, 망원경을 들여다보던 갈릴레이의 눈에 목성이 잡혔다. 예전의 망원경으로는 배율이 부족했기 때문에 확인할 수 없었던 현상을 발견했다. 갈릴레이는 작은 세 천체가 목성 근처에 있는 것을 보았다.

"항성일까?"

고개를 갸우뚱했다. 시간이 지나자 천체들도 움직였다. 세 천체는 목성의 적도와 일직선으로 나란히 섰다. 그러나 주변의 천체들과는 밝기가 달라 식별하기 쉬웠다.

8월 10일과 11일에도 관측을 계속해서 천체의 운동도 확인했다. 빛은 셋이 아니라 넷이었다.

"최초의 빛이야. 나의 최초의 빛이야."

갈릴레이는 안쪽에 있는 별은 빠르고 바깥쪽의 천체가 밤마다 위치를 바꾸면서 목성의 둘레를 느리게 돌고 있다는 것을 발견했다. 갈릴레이는 군주에게 경의를

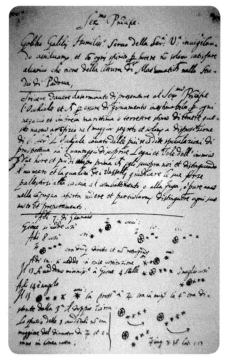

갈릴레이가 목성의 네 위성을 기록한 문서

표하는 뜻에서 이 목성의 네 위성들을 '메디치가의 별들'이라고 이름 지었다. 신에게 바치는 영광송도 잊지 않았다.

"어느 세기에도 알려지지 않았던 기적을 발견하도록 허락해 주신 하느님께 끝없는 감사와 영광을 바칩니다."

그리고 망원경을 토성으로 돌려 관찰 내용들을 기록했다.

"토성은 양쪽에 불가사의한 귀를 달고 있네."

토성의 고리를 귀로 착각한 것이었다. 갈릴레이는 토성을 정복하고 태양을 향했다. 순간 가시 같은 햇빛이 갈릴레이의 눈을 찔렀다. 실명의 위기를 가까스로 면했지만 한동안 관측을 쉬어야 했다.

갈릴레이는 토성의 고리를 귀로 착각했다.

갈릴레이는 투영법을 사용해 태양의 상을 맺게 해서 태양의 흑점을 찾아냈다. 그리고 흑점의 움직임을 추적해서 태양이 자전하고 있다는 사실을 확인했다.

갈릴레이는 위대한 발견을 해냈지만 무관심과 강렬한 저항을 견뎌야 했다. 그가 찾아낸 목성의 위성을 동료 교수들에게 보여 주자 그들은 눈도 꿈쩍하지 않았다. 그들은 진리는 자연 속에 있는 것이 아니라 원전에만 있다고 믿었다.

갈릴레이는 『별들의 심부름꾼』에서 천문학상의 여러 발견을 상세히 보고했다. 이 책은 큰 반향을 불러일으켰는데, 많은 반대자를 들끓게도 만들었다.

1610년에 베네치아에서 출판된 『별들의 심부름꾼』은 60쪽짜리 소책자이다. 이는 달의 표면을 망원경으로 처음 관찰한 기록으로 중세 과학사를 빛낸 불후의 작품이었다. 그는 서문에서 다음과 같이 밝혔다.

"실로 놀랄 만한 광경을 알리고 모든 사람들, 특히 철학자와 천문학자의 주의를 끌기 위하여 피렌체의 귀족이자 파도바 대학의 수학 교수인 갈릴레오 갈릴레이가 최근 스스로 발명한 망원경으로 달의 표면, 무수한 항성, 은하, 성운, 특히 네 위성이 서로 다른 거리와 주기를 가지고 놀라운 속도로 목성의 주위를 회전하고 있다는 사실에 대하여, 또한 이들 위성은 오늘날까지 누구에게도 알려지지 않았기 때문에 저자가 처음으로 발견하여 '메디치가의 별들'이라 이름 붙이기로 결정했음을 밝힌다. 베네치아. 1610년. 토마스 발료네 서점 간행."

갈릴레이는 이 책을 후원자이자 피렌체의 군주인 메디치 2세에게 바쳤다. 그는 먼저 자신이 발명한 망원경의 구조를 서술하고 이것으로 관찰한 달 표면의 모습을 상세하게 기록했다.

갈릴레이는 금성이 차고 기우는 것을 통해 코페르니쿠스의 태양중심설을 증명했다. 금성은 빛나는 원반으로 보였다가 반원이나 초승달과 같은 모양을 할 때도 있는데, 원반일 때는 금성의 얼굴이 태양을 향해 있을 때다. 코페르니쿠스를 반대한 사람들의 코를 납작하게 만들 만한 단서를 찾은 것이다.

엉뚱한 불씨

갈릴레이의 명성은 위험한 질투를 불렀다. 그가 태양중심설을 알리기 위해 기울인 온갖 노력에도 불구하고 마침내 광신에 가까운 성직자들을 자극하고 말았다.

1616년에는 종교 재판 위원회가 열려 지구의 운동을 거론하는 모든 저작 활동에 대해 금지령을 내렸다. 이를 어겼을 때는 금고형에 처한다는 것이었다. 그리고 훈령도 발표되었다.

"태양이 세계의 중심에 있으며 부동이라는 주장은 어리석고 터무니없으며 철학적으로는 허위고 성서에 명백히 반대되기 때문에 이단이다. 지구가 세계의 중심에 있지 않고 더구나 회전 운동을 한다는 주장은 그릇된 견해이다."

가톨릭 교회는 코페르니쿠스의 학설이 '가짜이고 잘못된 것'이라고 공고했다. 갈릴레이에게도 그 학설을 옹호해서도, 지지해서도 안 된다고 명령했다.

1616년의 불행한 역사는 사소한 일에서 시작되었다. 3년 전 갈릴레이가 친구이자 추종자인 카스텔리 신부의 수학 교수 취임을 축하하기 위해 보낸 편지 한 통이 화근이었다. 그는 편지에서 천문학과 성서를 비교 연구한 내용을 짤막하게 소개했다.

이 편지가 철두철미한 교리주의자 카치니 신부의 손에 들어갔다. 카치니는 치밀어 오르는 울화를 참지 못한 채 갈릴레이를 책망했다.

"갈릴레이, 외람되이 하늘을 우러러보는 일이 없도록 주의하시오."

"노력하겠습니다."

그러나 갈릴레이는 잠이 오지 않았다. 브루노의 화형식 장면이 자꾸만 떠올랐다. 갈릴레이는 발등에 떨어진 불을 끄기 위해 바로니우스 추기경을 찾아갔다. 고분고분하게 말하던 그가 갑자기 돌변해서, 추기경과 헤어지기 직전에는 반골 기질을 나타내고 말았다.

"성령은 우리에게 천국에 어떻게 가는가를 말하는 것이 아니라 어떻게 살아야 천국에 갈 수 있는가를 가르치고 있습니다. 자연 현상의 연구는 성서의 권위에 의지할 것이 아니라 타당한 실험을 통해 실증돼야 합니다."

아뿔싸, 실수를 저지르고 말았다. 결국 태양중심설을 지지한 자기 자신을 옹호하고 만 것이다. 그러나 한 번 입 밖에 나온 말을 주워 담을 수는 없었다.

추기경은 갈릴레이를 문책하고 태양중심설을 포기할 것을 명령했다. 교황청은 코페르니쿠스의 태양중심설을 설파한『천체의 회전에 대하여』를 금서 목록의 맨 처음에 올렸다.

교황청이 성명을 발표한 이틀 뒤에 갈릴레이는 추기경 회의에 소환되었다. 그때 그는 그런 생각을 가지거나 가르치거나 변호하지 않도록 공식적으로 경고를 받았으며, 이에 따르겠다고 다짐하고 나서야 풀려날 수 있었다.

그 후 독실한 가톨릭 신자인 갈릴레이는 태양중심설에 대해 공식적인 발언은 한 번도 하지 않았다. 그러나 무지와 권위주의 신앙에 대한 무언의 투쟁을 계속했다. 이 모든 일이 갈릴레이가 파도바 대학의 교수직에서 물러난 뒤의 일이었다.

피렌체에서는 그가 파도바 대학 교수 시절에 지도했던 젊은이가 영주에 올랐다. 이 영주는 10년 동안 아무런 방해도 받지 않고 과학 연구 활동을 할 수 있도록 갈릴레이를 지원했다.

그의 후원자인 메디치가의 영주가 죽고 난 뒤 로마에서는 천문학에 각별한 열의를 보인 우르바노 8세가 교황이 되었다. 갈릴레이가 목성의 위성을 발견했을 때 찬양 시까지 바친 우르바노 8세는 갈릴레이에게 대단한 호의를 가진 절친한 친구였다.

갈릴레이는 즉시 교황에게 1616년의 공고를 취하해 줄 것을 요청했다. 교황은 갈릴레이의 부탁을 들어줄 수는 없었지만 아리스토텔레스와 코페르니쿠스의 두 학설을 논하는 책을 써도 좋다고 허락해 주었다. 단,

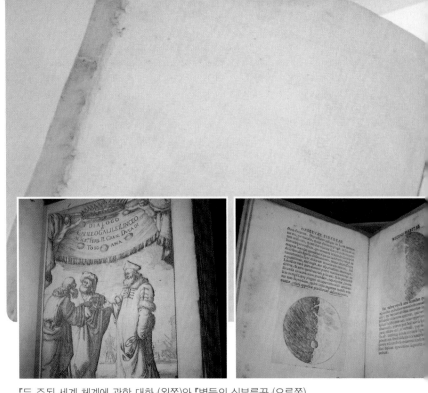

『두 주된 세계 체계에 관한 대화』(왼쪽)와 『별들의 심부름꾼』(오른쪽)

조건이 두 가지 붙어 있었다. 어느 편도 들지 않고 우주의 운동에 대하여 인간이 간섭하지 않는다는 결론을 내리는 것이었다.

최후의 항거

갈릴레이는 용의주도하게 최후의 항거를 계획했다. 시골 별장에 칩거하며 대음모를 꾸미고 있었다.

"코페르니쿠스설을 찬란하게 옹호하는 책을 써서 따끔한 맛을 보여 줘야지. 고리타분한 사람들과는 대화가 안 통한단 말이야."

고지식한 갈릴레이는 한 번 옳다고 믿은 것은 끝까지 버리지 않았고 세상과 타협할 줄을 몰랐다. 이 경건한 신자는 코페르니쿠스가 성서에 위반하는 인물이라고 생각하지 않았다. 다만 사람들이 그렇게 조작한

것일 뿐이라는 사실을 꿰뚫어 보고 있었다.

갈릴레이는 단숨에 책에 관한 구상을 끝냈다. 제목은 『두 주된 세계 체계에 관한 대화』로, 나흘에 걸친 대화였다. 이 작품은 태양중심설의 대변자로는 사르비아티를, 맹목적이고 권위주의적인 신앙의 편에 선 아리스토텔레스와 프톨레마이오스 옹호자로는 심플리치오를 두고 중도론자로 베네치아의 시민 사그레도를 등장시켜 서로 주장을 펼치는 연극 각본이었다.

갈릴레이는 1616년에 교회가 금지한 코페르니쿠스설을 자신의 견해로 서술하지 않고 사르비아티에게 맡겼다. 사르비아티와 사그레도는 갈릴레이의 친구이자 신봉자로, 실존 인물이었다. 『두 주된 세계 체계에 관한 대화』를 집필할 때는 두 사람 모두 고인이 되어 이 세상에 없었다. 그는 두 사람을 위로하기 위해 기념비를 세우기도 했다.

『두 주된 세계 체계에 관한 대화』의 구성은 플라톤의 『대화』를 흉내 낸 것이었다. 첫날의 대화에서 천체의 성질에 관한 아리스토텔레스의 주장을 반박했다.

"프톨레마이오스의 설에는 어떤 불합리한 점이 있으며, 코페르니쿠스의 설은 왜 그렇지 않다는 것입니까?"(심플리치오)

"프톨레마이오스의 가설을 병에 비유한다면 코페르니쿠스의 가설은 그것에 담긴 약이라 할 수 있습니다. 어떤 물체의 둘레를 회전하고 있는 물체가 불규칙하게 돌고 있는데 그 중심이 아닌 다른 물체에 대해서는 규칙적으로 돈다고 말한다면 누구라도 옳다고 보지 않겠지요. 이렇게 잘못된 운동은 프톨레마이오스의 가설에는 생기지만 코페르니쿠스의 경우는 모든 것이 똑같은 속도로 움직이는 것이 됩니다. 이것을 억지로 설명하기 위해서 프톨레마이오스는 정반대되는 두 운동, 즉 서쪽에서 동쪽으로, 동쪽에서 서쪽으로 운동한다고 하지만 코페르니쿠스는 단 한 가지 운동, 즉 서쪽에서 동쪽으로의 운동이면 족하다는 것입니다. 행성의 겉보기 운동에 나타나는 불규칙한 사실을 어떻게 설명할 수 있겠습니까? 심플리치오 씨!"(사르비아티)

"그렇다 하더라도 행성의 유(留), 순행, 역행과 같은 것은 어떻게 설명할 수 있지요?"(사그레도)

"아, 그것은 걱정 없어요. 사그레도 씨, 다음 그림을 보세요."(사르비아티)

로마의 종교 재판소에는 『두 주된 세계 체계에 관한 대화』의 내용을 약간 수정하고는 출판해도 좋다고 허락했다. 1632년 1월, 이 운명의 책이 서점에 나타났다.

이 책은 대단한 반응을 불러일으켰다. 동시에 갈릴레이의 반대파와 그를 시기하는 사람들을 다시 부추겼다. 교황은 이 책이 코페르니쿠스 학설을 지지하고 있음을 알아차리고 출판을 허락한 것을 후회했다.

갈릴레이는 신앙 때문에 코페르니쿠스 이론을 멀리하지도 않았지만 브루노보다는 현실적이었다.

"순교한다고 해서 내게는 아무런 이득도 되지 않는다. 종교 재판소의 판결을 받아들이자."

자신이 교회에 얼마나 헌신했는지 길게 서술한 서문도 용서의 대가로
는 부족했다. 『두 주된 세계 체계에 관한 대화』가 출판된 지 넉 달 만에
갈릴레이는 1616년의 판결을 어겼다는 혐의로 조사를 받았다.

그는 교황청 안에 많은 적을 두고 있었다. 종교 재판소의 위원 가운데
는 예수회의 샤이너도 끼어 있었다. 샤이너는 온갖 수단을 동원해 그에
게 도전했다. 어떻게든 이 사건을 이단 심문으로 끌고 가려고 애썼다.
샤이너는 태양 흑점의 발견에 대하여 갈릴레이와 선취권을 놓고 다투었
던 경쟁자였다.

반대론자들은 갈릴레이에 대해 호의적인 생각을 품고 있는 우르바노
8세에게 압력을 넣었다.

"갈릴레이가 프톨레마이오스설의 옹호론자인 심플리치오를 데려다
조롱한 것은 실은 교황을 겨냥한 것입니다."

드디어 로마 교황청은 갈릴레이에게 출두 명령을 내렸다.

스웨터 차림의 수척한 노인이 종교 재판소의 문을 들어섰다. 69세였다.
바짝 굳은 표정을 하고 소장실로 들어갔다. 노인의 굽은 허리가 한참 동
안 문고리에 걸렸다. 들어가기를 머뭇거리다가 겨우 책상 옆에 놓인 의
자에 앉았다.

"갈릴레이, 그대가 이 책을 쓴 저의는 무엇이오?"

"제가 실험해 본 것을 재미있는 이야깃거리로 꾸몄을 따름입니다."

"교회의 기본 교리는 지구가 우주의 중심에 있고 모든 천체는 지구의
주위를 돈다는 것이오. 그런데 태양이 우주의 중심에 있으며 지구도 다
른 행성과 더불어 그 주위를 돈다는 낭설을 유포해 사람들을 혼란에 빠
뜨린 짓은 하느님을 모독한 것이 아니고 무엇이겠소."

언성이 높아졌다.

"그리고 그대는 17년 전인 1616년에 추기경에게 호출돼 이와 같은 일로 한 번 경고를 받았고, 이에 따르겠다고 서약까지 한 문서가 여기 있소. 똑똑히 두 눈으로 보시오. 그대는 한 번도 아니고 두 번씩이나 범죄를 저지른 상습범이야."

갈릴레이는 서약문을 썼던 기억이 없었다. 그 자리는 그를 모함하기 위해 철저히 계획된 것이었다.

병으로 심신이 쇠약한 노인은 1600년에 로마의 광장에 마련된 화형대 위에서 불타던 브루노의 마지막 모습을 다시 한 번 떠올렸다. 몸서리가 쳐졌다.

1633년 6월 22일, 종교 재판소는 갈릴레이에게 사형을 선고했다. 재판장을 나온 교황은 옛 친구가 가였었다. 어떻게 해서든지 사형만은 면하게 하고 싶었다. 교구청으로 돌아가려는 추기경들을 부랴부랴 다시 소집했다.

"저 늙은 사람을 사형시킬 수도 없고 묘안이 없겠소?"

"아닙니다. 저런 사악한 악령은 하루 빨리 이 땅에서 추방해야 합니다."

맨 앞줄에 앉아 지그시 눈을 감고 있던 한 추기경이 입을 열었다. 그는 그날 참석자 가운데 가장 나이가 어렸다.

"노인이란 점을 감안해 금고형을 내리는 것이 좋을 것 같습니다."

그는 갈릴레이의 주장이 옳다고 믿었다. 그러나 교리 때문에 할 수 없이 사형 선고에 동의했던 것이다.

마침내 갈릴레이에게 금고형이 선고되었다. 재판관들 앞에서 신성한 성경에 손을 얹고 무릎을 꿇었다. 그리고 재판관들이 미리 써 놓은 선서를 힘없이 읽어 내려갔다.

"교회가 진리로 인정하고 가르치는 모든 것을 믿고 있으며 장래에도 또한 믿겠다. 나는 성스러운 종교 재판소로부터 지구의 운동과 태양의

갈릴레이가 종교 재판을 받기 전에 기도했던 제단

정지에 관한 허위 학설은 성서에 위배되므로 이를 믿거나 가르치지 않는다는 명령을 받았다. 그런데도 나는 이 금지된 설을 강의하고 그 설에 유리한 근거를 제시한 책을 저술해 출판했다. 나는 그로 인해 이단의 혐의가 있다고 선고되었다. 이후 나는 교리에 위배되는 모든 낭설과 결별하며 이를 저주한다. 또한 앞으로도 그와 같은 혐의를 초래할 만한 것을 구두 또는 문서로 발표하지 않을 것을 맹세한다. 또 이단을 발견하거나 그 혐의가 있다고 추정될 경우 즉각 성스러운 종교 재판소에 고발할 것을 맹세한다."

갈릴레이는 선서를 끝낸 뒤 일어섰다. 종교 재판소에서 걸어 나오는 발걸음은 천근만근 무거웠다. 이틀간 감금된 동안 무릎을 꿇고 앉아 있어야 했기 때문에 다리에 힘이 하나도 없었다. 그는 휘청거리며 겨우 종교 재판소 문을 빠져나왔다. 하늘을 원망했다.

"그래도 역시 지구는 돌고 있다."

한탄은 타오르는 분노를 억눌렀다. 그것은 처절한 절규였다.

장님 천문학자

종교 재판소는 피렌체에서 가까운 아르체트리의 작은 별장을 갈릴레이의 주거지로 지정했다. 종교 재판소는 사사로운 일까지 감시해서 죄수와 다름없는 생활을 해야 했다.

이단으로 낙인찍힌 갈릴레이는 창조력의 활기만은 잃지 않았다. 그러나 감히 범접할 수 없던 그의 풍모는 사라져 버렸다. 시원스럽고 풍부한 말솜씨도 찾아볼 수 없었다. 실어증이 그를 엄습했다. 눈동자는 허공만 응시했다.

기나긴 우울증에서 벗어난 그는 로마 교회와 다시는 불화를 빚지 않겠다고 다짐하면서 과학 실험을 계속했다. 그러나 그는 『두 주된 세계 체계에 관한 대화』 한 권을 라틴어로 번역할 수 있도록 몰래 빼내기도 했다.

갈릴레이는 심한 안질에 걸렸다. 그런데도 망원경을 이용하여 연구를 계속해 달의 평동을 발견했다. 자전 주기와 공전 주기가 같기 때문에 달은 언제나 한쪽 면만 보이는데, 약 한 달 주기로 보이지 않던 부분을 조금 더 볼 수 있다. 이런 현상을 평동이라고 하는데, 달의 궤도는 타원이기 때문에 공전 궤도상에서는 약간 빨라지기도 하고 느려지기도 하는 반면 달의 자전은 등속도라서 나타나는 현상이다.

갈릴레이는 행성 시계를 구상했다. 목성의 위성 주기는 매우 짧아서 거의 매일 밤 그 가운데 어느 하나가 목성 때문에 식을 일으키는 것을 보고, 이 위성들의 회전 운동을 정밀하게 알 수만 있다면 항해 선박들이 밤에 이 위성의 위치를 보고 배의 위치를 알게끔 허공에 떠 있는 시계를 만들 셈이었다.

"이 시계와 태양에 맞춘 시계를 비교하면 배가 있는 장소의 경도를 알 아낼 수가 있다."

갈릴레이는 이 시계를 연구하기 위해 네덜란드 연방의 지원을 얻는 데 성공했다. 대신 연방 측은 목성의 위성 위치 추산표와 매우 정밀한 시계를 만들어 주기를 바랐다.

갈릴레이가 7년간 살았던 집

그는 시력을 완전히 잃고 말았다. 넓은 이마 아래의 눈동자는 빛을 볼 수 없었지만 활기가 넘쳐흘렀다.

박해를 마감하고

장님 천문학자에게 희생적인 제자들이 모여들었다. 비비아니와 토리첼리는 갈릴레이의 손과 발이 되어 주었다. 갈릴레이를 졸졸 따라다니며 그가 구술하는 대로 기록했다.

산타 크로체 교회에 있는 갈릴레이의 묘지

토리첼리는 아드리아 해에 인접한 항구 라벤나의 서쪽에 있는 고도 파넨차의 명문 가문에서 태어났다. 스무 살 때 피사로 유학 온 후 갈릴레이의 열렬한 숭배자이자 오랜 친구가 되었다.

1636년에『신과학 대화』가 완성되었다. 이 책은 출판이 자유로운 프로테스탄트의 나라 네덜란드에서 1638년에 간행되었다.『신과학 대화』에서는 그가 젊은 시절부터 줄곧 연구해 온 물리학, 특히 동력학 연구의 성과를 마무리지었다. 그리고 진자 운동, 낙하체와 발사체의 운동, 진공의 연구 결과와 온도계의 제작법 등을 실었다. 그리고『두 주된 세계 체계에 관한 대화』와 마찬가지로 사르비아티, 사그레도, 심플리치오를 등장시켰다.

갈릴레이는 여전히 가택 감금 상태였다. 1642년 1월 8일, 갈릴레이는 비비아니, 토리첼리 등 제자들과 가족, 친척들이 지켜보는 가운데 한 많은 생애를 마감했다. 그 자리에는 종교 재판소 대표 두 사람도 입회했다.

종교 재판소 대표들은 조금도 슬퍼하지 않았다. 우체국을 향해 걸음을 재촉했고, 로마 교황청 앞으로 급히 서신을 띄웠다.

"교황 성하, 금세기 최고의 이단자 갈릴레이 사망. 축하드립니다."

갈릴레이는 피렌체에서 운명했다. 그의 유해는 허허벌판에 외롭고 쓸쓸하게 묻혀야 했다. 산타 크로체의 교회 묘지에 장사 지내는 것도, 조사를 읽는 것도, 묘비를 세우는 것도 허용되지 않았다.

박해의 손길은 그가 죽은 뒤에도 계속되었다. 죽은 지 한 세기가 지나서야 피렌체의 산타 크로체 교회로 이장될 수 있었던 것이다. 그리고 훌륭한 기념비가 세워졌다.

비석에는 자연의 법칙과 원리를 수학 공식으로 전개한 위대한 근대 과학의 아버지를 노래했다. 그리고 순전히 운에 맡겨진 근대 천문학을 구출한 망원경 발명을 찬양했다.

갈릴레오 갈릴레이
인터뷰

1633년 6월 22일, 로마 종교 재판소는 궁정 과학자 갈릴레오 갈릴레이를 불온 문서 배포 혐의로 재판에 회부, 실형을 확정했다.

종교 재판소는 갈릴레이에게 피렌체 외곽에 있는 아르체트리의 작은 별장으로 주거를 제한하는 가택 연금형을 선고했다. 갈릴레이의 한 측근은 태양중심설을 옹호한 작품의 죗값 치곤 너무 무겁다고 맹렬히 비난했다.

천체 연구에 최초로 최첨단 관측 도구인 망원경을 도입하여 태양중심설을 옹호한 갈릴레오 갈릴레이가 로마 가톨릭의 요주의 인물 1호로 낙인찍혀 관찰 대상이 된 지 17년 만이다.

갈릴레이는 천체 망원경을 만들어 태양의 흑점, 금성의 위상 변화, 달의 분화구 그리고 목성 주위의 네 위성 발견 등 획기적인 업적을 세웠다.

'최초의 빛을 발견한 위인' 갈릴레이는 1610년 3월, 하늘의 놀라운 발견들을 모아 놓은 60쪽 분량의 라틴어 책자 『별들의 심부름꾼』을 펴내 유럽의 학자들을 흥분의 도가니로 몰아넣은 바 있다. 그는 달 표면에 널려 있는 산등성이의 높이까지 구했고, 오리온자리의 허리띠와 칼 근처에만 80개의 별들이 뭉쳐 있다는 사실 등을 밝혔다.

'최초의 물리학자'로도 손꼽히는 갈릴레이는 정식 결혼은 하지 않았지만, 1남 2녀의 자녀가 있었다. 독신 행세하며 숨겨 왔으나 장녀 비르지니아(1600년 8월생), 차녀 리비아(1601년 8월생)와 아들 빈센초(1606년 8월생) 등 1남 2녀를 두었다.

226

"지구는 태양의 주위를 돈다.
이것은 변함없는 진리이다"

▲ 코페르니쿠스의 태양중심설을 믿게 된 계기는?

- 1610년 1월 7일에 망원경으로 목성을 관측하다가 목성의 적도를 중심으로 동쪽에서 별 두 개, 서쪽에서 별 하나를 발견하였는데, 며칠 뒤에는 작은 별의 개수가 하나 더 늘어나 작은 별 네 개가 출현하여 목성과 한 덩어리가 돼 움직이는 것을 보았다. 달이 지구를 돌고 금성과 수성이 태양의 둘레를 돌듯이, 네 개의 작은 별들도 목성의 둘레를 도는 모습을 보고 코페르니쿠스의 태양중심설을 확신하게 되었다. 코페르니쿠스가 주장했듯이 지구도 태양의 주변을 도는 행성임에 틀림없다.

▲ 은사이자 정통파 아리스토텔레스 학자로 손꼽히는 피사 대학 프란체스코 부나미치 교수가 1591년 1,000여 쪽에 달하는 운동에 관한 방대한 저서를 출판했는데 촌평 한마디.

- 그 책이 운동의 원인에 관해서 생각해 낼 수 있는 모든 주장을 담고 있다는데, 순전히 '말장난'에 불과하다.

『별들의 심부름꾼』

갈릴레이가 직접 만든 20배율 망원경에 비친 우주를 담은 책이다. 60쪽 분량의 작은 책자에는 목성의 주위를 도는 네 개의 위성 발견 등 진귀한 내용이 빼꼭히 들어 있다. 달은 매끄러운 공 모양으로 보이지만 산과 계곡, 구덩이들이 수없이 깔려 있고, 오리온자리의 허리띠와 칼 부근에서 맨눈으로는 세 개, 여섯 개의 별이 보이는 것이 고작이지만 사실은 80개의 별들이 모여 있다는 것을 책에 담았다. 이 밖에 은하수가 수없이 많은 별들의 무리임을 밝히는 내용도 있다. 라틴어로 된 이 책은 1610년 3월 중순에 베네치아에서 550권이 인쇄되었다.

피사의 탑

이탈리아에 있는 피사 대성당의 종루이다. 12~14세기에 지은 8층의 둥근 탑으로 지름 17미터, 높이 55미터에 이른다. 공사 중에 지반이 내려앉아 경사가 기울기 시작했다. 지금도 기울고 있다.

토성의 귀

갈릴레이가 사용한 망원경의 성능이 약해 토성의 고리를 선명하게 볼 수 없었다. 그래서 그는 토성에 귀가 있는 것처럼 그려 놓곤 했다. 그는 토성의 귀를 토성의 동행자들이라 부르며, 목성의 위성과는 달리 토성 주위를 회전하지 않는다고 말했다. 나중에 후배 천문학자 하위헌스에 의해 토성의 '귀'는 '고리'로 밝혀졌다.

한 많은 갈릴레이 씨에게

"그래도 지구는 돌고 있다."

갈릴레이 씨가 이렇게 말했다, 아니다 하고 논란이 많습니다.

들리는 말에 따르면 갈릴레이 씨는 종교 재판을 받을 때 자리에서 일어서 나오면서 나지막한 목소리로 이 말을 중얼거렸다고 하더군요.

이 말 한마디가 앞으로 진리를 추구하는 수많은 과학자와 철학자들의 마음을 사로잡을 것 같지 않으세요?

그래요. "그래도 지구는 돌고 있다"는 말은 갈릴레이 씨가 태양중심설을 포기한다는 선언은 아니겠지요?

이 말 한마디가 선생의 삶과 업적을 대표하는데 말입니다.

후세의 역사가들은 1640년에 유명 화가가 그린 선생의 초상화 깊은 곳에 "그래도 지구는 돌고 있다"고 표기해 둔 것을 어떻게 평가할지 궁금하군요.

갈릴레이 씨, 선생의 놀라운 발견에 대하여 몇몇 천문학자들은 강력하게 지지했지만, 다른 천문학자들은 격렬하게 반대하고 나섰지요.

무엇보다 중요한 것은 갈릴레이 씨만큼 성능 좋은 망원경을 가진 사람이 아무도 없었다는 사실입니다. 하지만 곧 다른 천문학자들이 성능 좋은 망원경을 구하게 되자, 대부분의 사람이 선생의 발견을 인정했지요.

사과가 지구의 중심 방향을 향한
인력 때문에 떨어지는 것이라면
사과를 당기는 것이 지구이고
이 지구가 달을 당기는 것은 아닐까?

who?

1642~1727

영국의 대표적인 천문학자이자 근대 이론 과학의 선구자.
수학에서 미적분법을 창시하고,
뉴턴 역학의 체계를 확립해 물리학에 큰 발자취를 남겼다.
특히 역학적 자연관은 후세에 커다란 영향을 끼쳤다.

아이작 뉴턴 Isaac Newton

만유인력을 발견한
우주 혁명의 완성가

조국

17세기 이후, 유럽의 패권은 네덜란드, 영국, 프랑스 등으로 넘어갔고, 이탈리아 교황청의 큰 장애물이었던 과학은 이 세 나라에서 활발히 전개되었다. 당대의 과학 수준 역시 부의 축적에 비례했다.

1588년, 하워드 제독이 이끈 영국 해군이 에스파냐의 펠리페 2세의 무적 함대를 3분의 2 이상 쳐부수고 에스파냐가 장악하고 있던 해상권을 인수하게 되었다. 1600년에 영국의 동인도회사가 설립되고 북아메리카 동해안에 엘리자베스 여왕의 특허 아래 버지니아 식민지가 열려 대규

어머니가 살고 있던 울즈소프의 집은 아이작 뉴턴이 만유인력을 깨달은 곳이기도 하다.

떨어진 사과 보며 "이거다……"

모 무역과 식민지 확장이 시작되었다. 1603년에 엘리자베스 여왕이 죽고 튜더 왕조의 혈통이 끊어지자 먼 친척뻘인 스튜어트 왕가의 제임스가 영국 왕이 되었다. 그가 제임스 1세였다.

프랑스의 루이 14세와 함께 왕권신수설의 옹호자였던 제임스 1세는 궁핍한 재정과 찰스 왕자와 에스파냐 왕녀의 결혼 문제 때문에 의회와 충돌했다.

영국 국왕과 의회의 대립은 찰스 1세(1625~1649년 재위) 때 더욱 심해졌다. 그는 의회를 두 번이나 해산했다. 1628년에 세 번째로 소집된 의회가 '권리장전'을 제출해 의회의 승인 없이는 조세, 증여, 헌금, 공채 등을 부과할 수 없다는 것과 법률상의 근거 없이 인민을 감금할 수 없다는 조항을 요구하자 곧바로 의회를 해산해 버렸다. 그로부터 11년 동안 의회는 단 한 번도 소집된 적이 없었다.

찰스 1세의 횡포는 날로 심해져서 자신의 의견을 따르지 않는 재판관을 파면하고 왕에 반대하는 모든 인사들을 구속했으며 정치와 종교의 자유를 억압했다. 그리고 재정난을 타개하기 위해 포도주, 소금, 비누 등의 독점권을 생산자에게 판매하고 세금을 부당하게 부과했다. 그리하여 중산 계급은 물론 귀족, 대지주에게서 반감을 불러일으켰다.

종교와 과학

이 무렵 유럽에서 수학과 수리 물리학은 철학과 함께 스콜라 철학의 속주에서 해방되면서 모든 학문을 총괄할 뿐 아니라 새로운 복음이 되고 있었다. 중요한 교양으로 자리 잡기도 했다. 귀부인들은 시인이나 성악가들 대신 수학자와 철학자를 불러다 이야기를 경청하는 것을 즐겼다.

17세기에는 과학이 여러 세기 동안 권위만을 누려 온 종교 생활로 부족한 정서를 대신해 주었다.

마침내 북부 유럽의 여러 나라에서 아카데미 설립 붐이 일어났다. 과학 협회가 생겨나 풍족한 자금이 제공되고 군주가 후원하면서 과학이 장려되기 시작했다.

영국 왕립 학회는 처음에 몇몇 과학자들에 의해 1645년에 설립되었다. 설립 목적은 자연 과학의 발전으로 국토의 빈약함을 보안하기 위해서라고 천명했다.

그 시대에는 강연이 아니라 실험과 증명을 위주로 하는 과학이 유행했다. 새로운 법칙이나 사실을 발견한 사람은 아카데미 회원들이 참석한 자리에서 실험과 증명을 되풀이해 보여 주어야 했다. 학회는 회원끼리만 접촉하는 데 그치지 않고 저명한 외국 학자들과도 연락했다. 그리고 학회는 외국인이 이룩한 과학 연구 업적에 대해서도 아낌 없이 원조의 손길을 뻗쳤다.

과학 혁명의 정신이 비로소 정착되고 있었다. 과학자들은 온갖 현상들을 세밀하게 관찰하고 여러 차례의 실험을 거쳐 수학을 이용해 원리를 찾아내려고 노력했다. 그것만이 정당한 방법이라고 믿었다.

한편 17세기 초에는 역학이 과학 활동의 중심 역할을 하고 있었다. 역학은 고체, 액체, 기체의 작용을 지배하는 법칙을 확정하고 모든 현상을 규명하려 들었다.

그리고 과학이 통합되었다. 과학의 통합은 신비적이고 주술적인 종교의 색채를 빠르게 몰아냈다. 성서를 높이 치켜들고 과학까지도 지배하던 종교의 권위가 과학의 영역 밖으로 물러나기 시작했다. 과학이 승리한 것이다.

1리터짜리 조산아

아이작 뉴턴은 1642년 12월 25일 크리스마스에 링컨셔 주의 울즈소프에 있는 작은 돌담집에서 태어났다.

이해는 갈릴레이가 죽은 동시에 코페르니쿠스가 죽은 지 100주년이 되는 해였다. 한편 내란이 일어났는데, 산업 자본가와 근대적인 지주를 기반으로 하는 8년간에 걸친 청교도 혁명이었다.

뉴턴의 집은 울즈소프의 한 농가였다. 이 집에서 뉴턴의 아버지와 선조들은 농사를 지으며 살고 있었다. 그의 아버지는 뉴턴이 세상에 태어나기 3개월 전에 세상을 떠나고 없었다.

아기는 대단히 작고 연약해서, 1리터짜리 잔 안에 들어갈 수 있을 정도로 작았다. 또 고개를 똑바로 들고 있기에는 너무 약했기 때문에 머리를 받치기 위해 목에 받침을 대고 있었다.

병치레를 많이 하던 아기가 세 살도 되기 전에 어머니가 혼자서 세 아이를 키우며 사는 바나바 스미스라는 부유한 목사와 재혼해서 아기를 떠났다.

아기는 할머니가 맡았다. 약골이었던 아기는 건강한 소년으로 성장했다. 그래서 매일 걸어 다닐 만한 거리에 있는 두 군데의 작은 야간학교에 다닐 수 있었다.

뉴턴은 열두 살 때 7마일가량 떨어진 그랜덤의 킹즈 학교에 입학했다. 그랜덤은 인구 3,000명이 모여 사는 작은 시골 읍이었다. 뉴턴은 읍내의 클라크라는 약종상의 집에서 하숙했다.

뉴턴은 손으로 무엇이든 만드는 것을 좋아했다. 그래서 수업이 끝나면 그랜덤 부근에 세워진 풍차를 보고 돌아와 정확한 모형을 만들었는데, 바람을 받자마자 제대로 돌았다.

또 몇 개의 물시계를 만들었다. 물통에서 흘러 나간 물이 물 위에 떠 있는 판을 천천히 아래로 밀어내면 바퀴 위를 지나게 걸쳐 놓은 실로 시침을 돌리게 했다.

뉴턴의 물시계는 시간을 잘 맞추어 주위 사람들로부터 칭찬을 받기도 했다. 이것은 학생들에게 인기 있는 존 베이트가 지은 『자연과 예술의 신비』란 책을 보고 만든 것이었다.

뉴턴은 중학교에 다닐 때까지만 해도 호기심은 많지만 평범한 학생에 불과했다. 교실에서는 학과 공부에 열중하기보다 공상으로 더 많은 시간을 보냈다. 그는 혼자 있기를 좋아해서 다른 아이들과 놀이나 운동 경기를 함께한 적이 거의 없었다.

뉴턴은 이곳 그랜덤에서 천문학자의 꿈을 키웠다. 지금도 그랜덤엔 뉴턴의 흔적이 가득하다.

뉴턴은 여러 가지 책을 보고 그림을 베끼는 것을 매우 좋아했다. 그의 노트에는 제도에 대한 힌트와 그림이 셀 수 없이 적혀 있었다. '물고기를 잡기 위한 먹이'와 '새를 술 취하게 하는 방법' 등이 여러 페이지에 걸쳐 쓰여 있었다.

뉴턴은 그의 집 벽돌 위에 해시계를 파 놓았다. 상당한 지식을 필요로 하는 여러 종류의 해시계도 만들었다.

그랜덤 중학교 시절에는 그가 앉았던 책상과 의자는 물론 화장실, 교실, 벽 등에 자신의 이름을 새겨 놓았다.

뉴턴은 연, 초롱, 장난감, 가구를 손수 만들어 사용했다. 바퀴 달린 의자까지 만들어 사용했다. 그리고 야외로 나가 꽃과 식물 채집을 하는 것도 즐겼다. 그의 취미는 다양했다.

성난 아이

뉴턴은 신경질적이고 예민한 편이었고, 내성적이어서 수줍음을 많이 탔다. 같은 또래의 아이들과 어울려 노는 일은 아주 드물었다.

뉴턴은 그의 계부가 죽은 1653년까지 9년간 어머니와 떨어져 살았는데, 이는 그의 성격 형성기에 아픈 상처가 되었다.

하루는 반 친구로부터 심한 모욕을 당했다. 뉴턴은 그 소년에게 다가갔다. 친구의 귀에 대고 속삭이듯 말했다.

"학교 수업이 끝나고 보자."

올망졸망한 소년들은 수업이 끝나자 교회 담 너머로 우르르 몰려갔다. 그리고 빙 둘러 링을 만들고 두 주인공을 지켜보았다. 이때 교장의 아들 스톡스가 나와서 손뼉을 치고 눈짓하면서 그들을 격려했다.

초반에는 뉴턴이 밀렸다. 뉴턴의 머리에는 학급 아이들이 놀려 대는 모습이 떠올랐다. 그러자 주먹을 거세게 쥐고 휘둘렀다.

뉴턴의 눈에서는 광채가 반짝거렸다. 순간 상대편 아이가 겁에 질렸다. 뉴턴은 겁에 질린 상대편을 실컷 두들겼고 그가 애원할 때까지 주먹질을 계속해 댔다. 심판관인 스톡스는 뉴턴의 승리를 선언하며 큰 소리로 외쳤다.

"뉴턴, 그 녀석의 코를 벽에다 문질러 버리라고."

뉴턴은 그의 말대로 상대편의 귀를 잡아 끌어다 교회의 벽에다 얼굴을 밀어붙였다. 소년의 얼굴에는 피가 흘러내리기 시작했다.

뉴턴은 그때까지 반에서 하위권을 넘어선 적이 별로 없었다. 집에 돌아온 그는 다짐했다. 공부를 열심히 해서 그 녀석의 코를 납작하게 해 주리라 두 주먹을 불끈 쥐었다.

풋사랑

뉴턴은 그랜덤 중학교를 졸업한 뒤 집으로 돌아가고 있었다. 그랜덤에서 집으로 가는 길에 경사가 급한 언덕이 있었다. 이 언덕을 오를 때에는 말에서 내려 말을 끌고 올라가는 것이 보통이었다. 그런데 뉴턴은 집에 닿을 때까지 말을 끌고 갔다. 이를 본 어머니가 뉴턴을 보자 한마디 했다.

"애야, 말이 어디 아프니?"

"아니에요, 어머니. 도중에 말에 올라탄다는 생각을 잊어버렸어요."

뉴턴은 집에 돌아와서도 기하학 책을 열심히 읽었다. 기하학은 매력적이었다.

어머니는 계부가 죽은 뒤 뉴턴이 재산을 관리해 줬으면 했다. 그런데 뉴턴은 재산을 관리할 만한 능력이 없었다.

뉴턴은 농사꾼들과 잘 지내지 못했고 농사에도 흥미가 전혀 없었다. 하루는 그의 외삼촌이 와서 뉴턴의 어머니가 하는 이야기를 듣더니 결정을 내렸다.

"누나, 저 녀석은 일에 소질이 없겠어요. 차라리 대학에 보내는 편이 나을 것 같군요."

외삼촌은 어머니를 설득해서 어려운 대학 공부에 대비하기 위해 라틴어와 수학을 배우도록 그랜덤의 중학교로 뉴턴을 돌려보냈다. 다시 돌아온 그랜덤은 뉴턴에게 매우 따뜻했다.

뉴턴은 공부하다 말고 뜰을 걷기도 했다. 이럴 때면 소녀들과 놀고 있는 주인집 양녀와 눈길이 마주치곤 했다. 클라크 씨의 양녀 이름은 캐서린이었다. 뉴턴보다 두 살 아래인 열여섯 살이었다.

뉴턴은 캐서린을 볼 때마다 얼굴이 홍당무처럼 새빨개지고 가슴은 두근거렸다. 캐서린은 보통 키에 서글서글한 눈매의 매우 아름다운 소녀였다.

뉴턴은 캐서린에게 풋사랑을 느끼고 있었다. 그러나 항상 냉정하고 조용히 사색하기를 즐길 뿐 말수가 적은 뉴턴은 캐서린에게 고백할 용기가 나지 않았다.

뉴턴은 책상 위에 앉아 캐서린의 얼굴을 그려 보기도 하고 편지를 쓰기도 했다. 그러나 편지를 건네준 적은 한 번도 없었다.

열여덟 살 되던 해 뉴턴은 불타는 사랑을 가슴에 안고 입학 시험을 치르기 위해 케임브리지로 떠나야 했다. 그러고는 케임브리지의 트리니티 대학 입학 시험에 당당히 합격해 고향으로 돌아왔다. 금의환향이었다.

평범한 케임브리지 졸업생

그 당시 케임브리지 트리니티 대학은 유명할 뿐 아니라 영향력이 있어서 전국의 수재들이 모여들었다.

오지에서 온 뉴턴은 돈이 없어서 근로 장학생이 되었다. 여러 가지 잡일과 교수의 심부름을 하면서 학비를 벌어야 했다.

뉴턴은 트리니티 대학에서 친한 친구를 만들지 못했다. 대단히 독특한 취미를 가지고 있었던 이 완고한 시골 청년은 난폭하고 부유한 학생들과 잘 어울리지 못했다.

뉴턴은 트리니티 대학에서 학문의 세계에 눈을 떴다. 이때 트리니티 대학에서는 코페르니쿠스, 케플러, 갈릴레이 등이 이미 위대한 업적을 세운 뒤였는데도 다른 대학들처럼 아리스토텔레스 학파의 학설 위주로 강의를 하고 있었다.

뉴턴이 다녔던 케임브리지 트리니티 대학 정문

따라서 뉴턴은 코페르니쿠스의 태양중심설이라든지 갈릴레이의 역학에 대해서는 배울 기회가 없었다. 대신에 아리스토텔레스나 플라톤이 이룩한 업적, 그리고 친숙하지만 갈수록 비현실적인 지구중심설에 대해 배웠다.

그러나 뉴턴은 틈틈이 시간을 내 유클리드 기하학, 데카르트의 수학, 월리스의 수학, 케플러의 굴절 광학 등에 관한 책을 읽었다.

그 당시에는 고대 그리스 철학자들의 학설이 모든 나라의 대학과 일반 학자들 사이에서 큰 인기를 얻고 있었다. 특히 아리스토텔레스의 저서들이 재발견되어 1200년과 1225년 사이에 라틴어로 번역되곤 했는데, 그 시대 과학의 어려운 문제, 특히 지구 위의 물체와 천체의 운동에 관한 질문에 대한 답을 원할 때면 사람들은 이 고전들을 들추어 보곤 했다.

뉴턴은 달랐다. 그는 자연을 바라보는 새로운 개념을 형성하기 시작한 데카르트와 같은 물리학자들에 심취했다.

뉴턴이 일곱 살 때 세상을 떠난 프랑스의 데카르트는 위대한 철학자일 뿐 아니라 자연 과학자이기도 했다. 그는 데카르트의 다음과 같은 말에 매우 감명을 받았다. 그리고 가슴속에 새겨 놓았다.

"물질은 모두 움직이는 입자들로 구성되어 있고, 자연의 모든 현상은 그 입자들의 역학 작용에 의해 생겨났다."

뉴턴은 스물한 살 때 트리니티 대학의 수학 교수인 버로우 교수를 만났다. 버로우는 뉴턴을 보자마자 평범한 예비 과학자가 아니라고 직감했다. 그는 그 자리에서 뉴턴을 제자로 삼았다.

"뉴턴 군, 앞으로 수학에 관심을 갖고 광학을 열심히 연구해 보게."

뉴턴은 케임브리지의 트리니티 대학에서 마지막 두 해 동안 르네상스 시대의 과학자들과 철학자들의 업적에 대해 공부하면서 수학을 완전히 터득했다. 거의 독학으로 과학에 기여할 만한 수학의 기본 개념들을 쌓았다.

그런데도 개인적으로 흥미 있는 공부에만 몰두했기 때문에 학교 성적은 좋지 않았다. 뉴턴의 노트에는 새로운 자연 철학(과학)과 수학 이론을 찾아서 자기 것으로 만든 자료들이 가득했지만 한 번도 발표된 적이 없었다.

케임브리지에서 뉴턴은 버로우 교수 이외에는 아무도 알아주지 않는 평범한 시간을 보냈다. 1665년 4월, 우등상 같은 것이라곤 꿈도 꾸지 못한 채 케임브리지의 문을 나섰다.

지칠 줄 모르는 사색

1665년, 런던에는 흑사병이 돌았다. 1년 전부터 비교적 가볍게 시작된 흑사병이 기승을 부려 7, 8, 9월에는 런던 인구의 10분의 1 이상이 이 질병으로 죽었다. 부귀영화의 중심지인 유럽의 상업 도시는 흑사병을 옮기는 통로가 되었다. 흑사병은 유목민의 말보다 더 빨리 유럽 전역을 휩쓸었고 당시 유럽 인구의 3분의 1인 2,000만 명이 희생되는 대참극을 일으켰다. 세상의 종말을 방불케 했다.

흑사병이 지나간 자리는 완전히 폐허가 되었다. 많은 사람들이 거리에서 죽어 갔다. 엄청나게 쏟아져 나온 시신을 제대로 묻을 만한 공간마저 없어서 시체 위에 시체를 포개 묻었다. 밤이 되면 짐승들이 발로 땅을 파헤쳐 전날 묻은 시체를 이빨로 물고 다녔다.

케임브리지도 흑사병에 공포를 느끼고 가을에는 대학의 문을 닫았다. 학생들은 모두 집으로 돌아갔다. 케임브리지의 기숙사는 텅 비어 있고 길거리에서는 사람을 구경하기조차 힘들었다.

뉴턴은 어머니와 이복동생들이 살고 있는 울즈소프에 도착했다. 울즈소프에 돌아온 그는 어머니의 손길이 그리웠다. 그러나 허약한 어머니는 병상에 누워 있을 때가 더 많았다. 뉴턴은 조금도 싫은 기색을 보이지 않고 매일 밤 어머니 옆에 앉아 정성스레 간호했다. 어머니도 그러한 큰아들이 든든했다.

두 모자는 서로 비밀이 없었다. 어머니는 그 지방에서 일어난 일은 물론 집안의 대소사 등을 모두 큰아들에게 털어놓았다. 그러나 뉴턴은 과학 문제를 풀기 위해 깊은 사색에 잠길 때만은 항상 혼자였다.

뉴턴은 남보다 오랫동안 사색할 수 있는 지구력을 타고났다. 의문점이 풀릴 때까지 계속 마음속에 잡아 두는 특별한 힘을 갖고 있었다.

　뉴턴은 어떤 문제점을 발견하면 비밀을 알아낼 때까지 몇 시간이고 며칠이고 몇 주일이 되더라도 마음속에 담아 두었다. 직관력도 뛰어났다.

　울즈소프에서 뉴턴은 여름날 저녁이면 과수원을 거닐고 겨울이면 온기가 있는 부엌에 앉아 우주의 운동을 수학적으로 해결하는 방법과 빛의 본질과 습성을 찾아내기 위해 깊은 생각에 빠져들었다. 마치 참선하는 도인처럼 꼼짝도 않고 대여섯 시간씩 앉아 있곤 했다.

　뉴턴은 이때 천체의 운동을 지배하는 법칙이 지구에서의 물체의 운동을 지배하는 법칙과 같은 것일지도 모른다는 생각을 얼핏 떠올렸다.

　뉴턴 이전의 과학자들은 우주의 완전함을 믿는 신비주의자들이었다.

울즈소프의 뉴턴도 신비주의를 동경하고 있었다.

깊은 겨울밤, 뉴턴의 눈길은 달을 향했다. 달이 왜 지구에서 떨어져 나가지 않고 항상 그 자리에 있는지 궁금했다.

"어떤 힘이 달을 지구에서 떨어져 나가지 못하게 붙잡고 있지 않을까?"

뉴턴이 울즈소프의 사과나무 옆에 앉아 그 생각에 잠겨 있을 때였다. 사과가 풀 위로 사뿐히 떨어지는 소리에 뉴턴은 사색을 멈추었다.

"사과가 지구의 중심을 향한 인력에 의해 떨어지는 것이라 생각한다면, 사과를 당기는 것이 지구이고 이 지구가 또한 달을 당기는 것이 아닐까?"

갑자기 그의 뇌리에 섬광이 번쩍였다.

뉴턴이 만유인력을 고민하게 만든 울즈소프 고향집 사과나무

"달을 궤도로부터 떨어져 나가지 않도록 하는 것은 인력이 아닐까? 달이 정지해 있다면 지구 위에 벌써 떨어졌을 거야."

의문이 계속 꼬리를 물었다.

"달이 궤도를 이탈하지 못하도록 잡고 있는 지구의 인력은 거리에 따라 어떠한 법칙이 적용될까?"

뉴턴은 그 힘이 지구의 중심으로부터의 거리의 제곱에 반비례할 것이라고 추정했다. 또 서로 잡아당기는 이 힘은 물체의 질량에 따라 변할지도 모른다고 생각했다. 이쯤 되자 자신감이 붙었다.

뉴턴은 이에 만족하지 않았다. 행성의 운동이 거리와 상관이 있다는 것을 증명해 보이고 싶었다.

"그래, 바로 이거야. 지구가 사과를 끌어당기고 사과도 지구를 잡아끌 거야. 사과가 땅에 떨어지도록 만든 힘은 달이 지구 주위의 궤도를 돌게 하고 지구를 태양 주위의 궤도에 붙잡아 두는 힘과 같을 거야."

그날 밤 한숨도 자지 못하고 뜬눈으로 지새웠다. 가슴이 울렁거렸다. 요동치는 심장 소리는 몸을 불덩이처럼 달구어 버렸다.

울즈소프 생활 2년째였다. 1666년 초에 뉴턴은 광학 렌즈를 깎고 있었다. 광학 실습을 하는 중이었다. 뉴턴은 프리즘을 통과하는 빛이 굴절하는 정도가 다를 뿐 아니라 빨강, 주홍, 노랑, 초록, 파랑, 남색, 보라색의 순으로 띠 모양을 나타내는 것을 보았다.

그 빛을 두 번째 프리즘을 통과시키면 여러 가지 색깔의 빛이 다시 합쳐져 백색광이 된다는 사실도 발견했다.

이 두 실험에서 그는 백색광이 무지개의 모든 빛깔을 포함하고 있다고 결론짓고 백색광의 각 성분들이 서로 섞이지 않는다는 점을 주장한 빛의 입자론에 도달했다.

"입자의 크기가 다른 광선들이 눈의 망막에 부딪칠 때 그 광선에 속하는 색깔을 느끼게 되는 거야."

뒷날 뉴턴은 대발견을 논문으로 작성해 학회에 발표했다. 그러나 이미 크리스티안 하위헌스가 빛이 파동으로 이루어져 있다는 파동설을 주장해 많은 사람들은 뉴턴의 발표에 시큰둥했다.

뉴턴은 하위헌스에게 따지듯 덤벼들었다.

"하위헌스 선생님, 파동설이 옳다면 길 모퉁이를 돌아 보이지 않는 곳에서도 들리는 소리처럼 빛도 그림자를 만들지 말고 휘어져야 하는데 왜 그렇지 않은가요?"

그가 옳았다. 그러나 그로부터 몇 년이 지나 좀 더 정밀한 실험에 의해 빛이 휘어지며 파동과 같은 성질도 가지고 있다는 이중성이 밝혀졌다.

또한 뉴턴은 물체가 낙하할 때 속도의 변화율인 중력 가속도가 어떻게 변하는가를 찾아내려 노력했으며, 미분과 적분학에 대해 관심을 가졌다. 미적분 방정식을 발명하는 기초 작업이 이루어지고 있었다.

이 모든 것의 발상은 울즈소프에 머무는 동안 이루어졌다. 울즈소프에서의 18개월은 뉴턴에게 많은 것을 가르쳐 주었다. 역학의 기초 법칙들을 완전히 파악하고 그 법칙들이 지구 위의 물체뿐만 아니라 천체에도 적용된다는 것을 깨닫게 되었으며, 그것은 만유인력의 기본 법칙을 발견하는 계기가 되었다. 2년여에 걸친 울즈소프에서의 독학은 수학과 물리학의 기틀을 가다듬고 표현하는 사고 능력을 키워 주었다. 사고력을 왕성하게 길들일 수 있는 행복한 시간이었다.

출세 가도

1667년 초에 케임브리지가 다시 문을 열자, 뉴턴은 지체하지 않고 대학으로 돌아왔다. 그날 버로우 교수를 찾아갔다. 버로우 교수는 그를 보자마자 말했다.

"뉴턴 군, 올해 안에 석사 과정을 마치게."

"네, 선생님. 그렇게 하겠습니다."

뉴턴은 울즈소프에서의 독학으로 자신감에 차 있던 터라 힘주어 대답했다. 그는 곧 트리니티 대학의 초급 연구원으로 뽑혔다. 이듬해에는 특별 연구원으로 승진했다.

1669년에는 스승인 버로우가 사임하면서 자신의 후임으로 수학 교수 자리에 뉴턴을 추천했다. 뉴턴의 나이 스물여섯 살 때의 일이다. 어린

뉴턴은 이 사과나무 그루터기에 앉아 만유인력을 고민했다.

나이에 교수로 초빙된다는 것은 전례가 없는 파격적인 대우였다.

뉴턴은 교수가 된 뒤 연금술과 광학 연구에 주로 시간을 바쳤다. 그러나 공개적으로 실시한 광학 연구와는 달리 연금술은 비밀리에 실시했다. 그가 연금술을 연구한 것은 금을 만들기 위해서가 아니라 물질 세계의 내면을 들여다보기 위해서였다.

버로우는 사임한 뒤 뉴턴의 도움을 받아 광학에 대한 책을 펴냈다. 버로우는 책 서문에서 뉴턴의 도움을 치하하고 대단히 비범한 능력과 남이 따르기 힘들 만큼 뛰어난 재주를 가진 사람이라고 칭찬했다. 이후 뉴턴은 수업 시간 중에 광학에 대한 강의도 시작했다.

한편 갈릴레이의 망원경을 개량한 새로운 반사 망원경을 만들었다.

이것이 뜻밖에도 세상의 주목을 끌어 유명 인사가 되었다.

갈릴레이가 만든 망원경은 나란히 들어오는 광선이 정밀하게 한 점에 모이지 않고 상의 둘레에 색상 차를 나타내 관측상 많은 어려움을 겪던 터였는데 이 결점을 없앤 것이다.

최초의 반사 망원경은 12.7센티미터밖에 안 되었지만 그것으로도 목성의 위성이나 금성이 차고 기우는 것을 깨끗이 지켜볼 수 있었다.

뉴턴은 어릴 때 즐기던, 손으로 만드는 작업에 대해 여전히 흥미를 갖고 있었다. 그래서 손수 렌즈를 깎고 갈고 다듬었다. 물론 이 시대에는 그가 필요로 하는 특수 렌즈를 살 수 없어서 스스로 제작할 수밖에 없었다. 그때의 어려움을 친구에게 이렇게 호소했다.

"다른 사람이 나를 위해 기구나 물건을 만들어 주기를 바랐다면 나는 아무런 일도 못했을 거야."

뉴턴이 새로운 형태의 망원경을 만들었다는 소식은 런던에 있는 왕립 학회 회원들의 귀에도 들어갔다. 학회는 빠른 시간 안에 그것을 보고 싶다는 의사를 전달했다. 1672년 뉴턴은 두 번째 반사 망원경을 왕립 학회에 보냈다. 첫 번째 것보다 훨씬 컸다. 왕립 학회 회원들에게 보내는 편지도 동봉했다.

"여러분의 서신을 읽고 저는 제 발명품에 보여 주신 대단한 관심에 놀랐습니다. 사실 저는 지금까지 별로 가치를 느끼지 못했습니다. 왕립 학회가 망원경이 가치 있다고 생각하는 것을 보니 이것이 저 자신에게보다 다른 사람들에게 훨씬 더 귀중하다는 사실을 깨닫게 되었습니다. 사실 저는 이 서신 왕래가 없었더라면 몇 년 동안 그렇게 해 왔던 것처럼 저 혼자 간직하고 있었을지도 모릅니다."

마침내 왕립 학회는 이 공적을 인정해 그를 회원으로 추대했다.

그러나 뉴턴이 반사 망원경을 만들 때 발견한 사실들을 모은 논문은 곧바로 로버트 훅의 손에 넘어가 심한 공격을 받았다.

뉴턴보다 몇 살 위일 뿐 아니라 왕립 학회의 비서인 훅은 비상한 재능과 과학 지식을 가진 최고의 실험가로 평가받고 있었다. 광학에서만은 유일무이한 권위자라고 자처하던 그가 우쭐대며 논문을 비평하자 뉴턴은 불같이 흥분했다.

옆에 앉아 있던 하위헌스도 덩달아 뉴턴의 업적을 비난했다. 이에 발끈한 뉴턴이 급기야 선배들 앞에서 고래고래 언성을 높였다.

"내가 제안한 이론은 직접 증명한 것입니다. 나는 더 이상 비난받는 일을 하지 않겠습니다."

또 리누스라는 벨기에 인이 뉴턴의 업적에 대해 해괴하고 무례하게 비판한 책을 출간했다. 이 사나이의 마음은 바늘구멍만큼 좁았다.

뉴턴은 처음에 이 비판에 대꾸하는 것조차 피했다. 리누스는 막무가내로 덤벼들었다. 또 하나의 싸움이 시작되었다.

뉴턴은 논문을 발표한 지 1년쯤 될 무렵 그동안 주고받은 논쟁이 너무 짜증스러워서 넥타이를 갈기갈기 찢어 버렸다.

그런 고약한 일들을 겪은 이후 뉴턴은 연구 결과를 발표하는 일을 삼갔다. 어쩌다 발표할 기회가 주어지면 강박 관념에 사로잡힌 듯 불안에 떨었다. 그를 비평하는 사람들에게는 이성적이지 못할 정도로 격렬하게 맞서곤 했다. 신경 쇠약에 시달리기까지 했다.

1676년에 뉴턴은 선언했다.

"나는 스스로를 과학의 시녀로 만들었다는 것을 안다. 그러나 내가 리누스 씨와의 관계에서 해방된다면 과학의 시녀 짓에서 영원히 작별하겠다. 그리고 개인의 만족을 위하고 후세의 사람들을 위해 남기는 일만을 하겠다. 사람이 새로운 것을 내놓기로 결심하면 그것을 변호하기 위해 노예가 되어야 한다는 사실을 너무도 잘 알고 있기 때문이다."

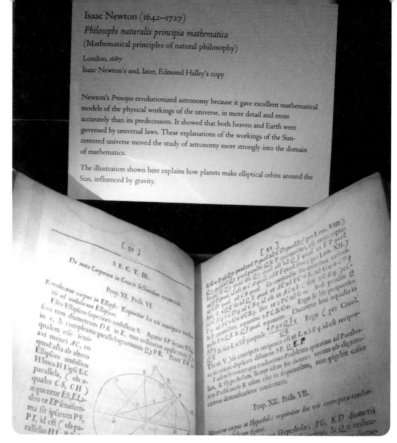

뉴턴의 『자연 철학의 수학적 원리』

　뉴턴은 그가 발견할 일들을 전혀 발표하지 않는 것은 물론 그가 죽은 뒤에나 발표할 생각이라고 말한 것이다. 그는 발표하는 일 자체를 혐오하게 되었다. 그러나 과학자로서 논문 발표를 끊을 수만은 없었다. 이 일이 있고 나서 얼마 뒤 뉴턴은 빛에 관한 두 번째 논문을 왕립 학회에 보냈다. 마음 한 켠에는 근심이 가득했다. 갑론을박이 두려웠다.

　그는 이 논문에서 프리즘에 대한 실험, 얇은 운모 조각과 비누 거품의 막처럼 얇은 막에 나타나는 색을 설명하는 이론을 제시했다. 이는 이 실험을 했던 훅과 또다시 논쟁에 휘말리게 했다.

　빛의 본성에 관해서 뉴턴이 훅과 하위헌스와 논쟁을 벌이고 있을 무렵, 라이프니츠와는 미적분학에 관해서 싸움을 치러야 했다. 라이프니츠는 미적분학 논문을 1684년에 발표했다고 주장했다.

그러나 뉴턴은 논쟁의 대상이 되는 것에 환멸을 느껴 미적분학에 대한 논문을 작성해 놓고도 발표를 미루고 있었다. 그래서 1704년에야 공식적으로 발표했다. 미적분학의 원조를 판단하는 일은 퍽 어려웠다.

두 사나이는 팽팽히 맞섰다. 공개 석상에서는 서로 다정한 듯 인사를 주고받았지만, 뒤에서는 입에 담지 못할 비난을 퍼부으며 헐뜯었다.

아무튼 논쟁은 나라 대 나라의 싸움으로 발전하게 되었다. 두 사람의 연구 내용에 대해서 눈곱만큼도 알지 못하는 사람들조차 서로 자기 나라 사람 편을 들어 열을 냈다. 나중에는 편싸움이 되기도 했다.

"영국인이 먼저야."

"아니야, 독일인이 먼저야."

선술집에서조차 욕설들이 오갔다.

결국 미분학의 원조는 라이프니츠인 것으로 판정이 났다. 판정패를 당한 셈인 뉴턴은 그 일로 아주 큰 상처를 입었다.

뉴턴은 과학자의 세계에서는 황제의 자리를 굳게 지키고 있었지만 라이프니츠에게 당한 패배는 오랫동안 뉴턴의 가슴을 쓰라리게 했다. 그 패배로 과학이라면 정나미가 떨어졌다.

우주 혁명의 완성

1680년대 중반에 이르기까지 뉴턴은 광학과 역학 분야의 주요 발견들을 거의 이룩한 상태였다. 그러나 발표는 하지 않았다.

그는 왕립 학회에 속한 많은 동료들과의 껄끄러운 관계 때문에 과학이라면 진저리가 났다.

이때 종교가 그를 사로잡았다. 신비로운 종교는 괴로운 사람에게 가장 큰 위안이었다.

이 당시 훅은 왕립 학회의 비서 자리에 있었다. 훅은 뉴턴과의 관계 유지하기 위해 그에게 학회에 실을 논문을 공손히 부탁하는 서신을 보내기도 했다. 화해의 몸짓이었다.

훅은 서신에서 1674년에 발표한 자신의 논문 끝에 적힌 가설에 대해 뉴턴의 의견을 물었다. 그 가설에서는 타원 궤도를 도는 행성이 그 궤도 위에 있게 하는 것이 중심력이며, 중심력은 거리에 따라 반비례한다고만 얼버무렸다. 여기저기서 주워들은 풍월이나 다름없었다.

이 편지를 받은 뉴턴은 수년 전에 이미 결론지었던 것을 기억했다. 행성의 운동은 왕립 학회 회원들의 관심거리였다.

1684년 초, 핼리는 커피집에서 크리스토퍼 렌 경과 함께 훅을 만났다. 그 자리에서 행성 운동에 대해 애기를 주고받았다. 훅이 거드름을 피우며 떠벌렸다.

"나는 천체 운동의 법칙을 유도해 봤는걸."

그러나 크리스토퍼 경은 고개를 갸우뚱했다. 의심스러운 눈치였다. 훅에게 그 사실을 증명하는 데 두 달의 여유를 주겠다고 말했다.

"만약 자네가 이것을 완성할 경우 40실링짜리 책을 선사하겠네."

그러나 훅은 그의 제의에 꽁무니를 뺐다. 세 사람은 두 달 뒤 다시 만날 것을 약속하고 커피집을 나섰다.

집에 돌아온 훅은 걱정이 앞섰다. 그에게는 천체 운동을 수학 공식으로 증명할 만한 능력이 없었다.

핼리는 그해 8월에 케임브리지를 방문해 뉴턴을 만났다. 핼리가 뉴턴에게 물었다.

"선생님, 혜성 등 일부 행성의 궤도는 어떤 모양일까요?"

"타원이지요."

뉴턴의 입에서는 정답이 생각할 겨를도 없이 곧바로 튀어나왔다. 단 1초도 걸리지 않았다. 핼리의 마음은 반가움과 놀라움으로 가득 찼다. 핼리는 며칠 전 관찰한 혜성의 궤도를 알고 싶었던 것이다.

"그렇다면 타원 궤도의 공식을 알 수 없을까요?"

"그야 어려울 것이 있겠소?"

핼리는 의자를 당겨 뉴턴에게 바싹 다가앉으며 물었다.

"어떻게 그 어려운 것을 알아내셨습니까?"

"무슨 말씀을…… 별로 어려운 계산이 아닌데……."

핼리는 지금 당장 그 계산이 보고 싶었다. 이 일에는 뉴턴이 적임자란 생각이 그의 머릿속을 채웠다.

"선생님, 지금 볼 수 없을까요?"

"글쎄요. 당장에는 찾지 못하겠군요. 며칠 뒤 찾아서 핼리 선생에게 보내 드리리다."

핼리는 자리를 박차고 일어나 뉴턴에게 허리를 굽히고는 한참 동안 일어설 줄을 몰랐다. 열흘 뒤, 뉴턴은 타원 궤도 방정식을 적은 편지를 핼리에게 보내 주었다. 이 편지를 받아 본 즉시 핼리는 뉴턴의 법칙을 읽고 무릎을 쳤다.

"나 혼자만 알고 있을 내용이 아니야."

핼리는 뉴턴에게 그의 발견을 상세하게 기록한 논문을 발표하게 해야 한다는 생각이 들었다. 핼리는 뉴턴에게 발견의 법칙을 기술한 책을 펴내야 한다고 주장했다. 그러나 뉴턴은 시큰둥했다. 핼리는 다섯 차례나 뉴턴의 연구실로 찾아가 설득했다. 드디어 승낙을 받아 냈다.

핼리는 왕립 학회의 위임과 지지를 받아 뉴턴이 책을 펴내는 데 필요한 절차를 밟았다. 그리고 때때로 뉴턴을 격려하기 위해 찾아가 책이 나오면 세상 사람들이 비상한 관심을 보일 것이라고 일깨워 주었다.

뉴턴은 핼리의 설득에 못 이겨 그 일에 착수했다. 1685년이었다. 첫 번째 책의 원고가 왕립 학회에 우송된 것은 1686년 4월 28일이었다. 뉴턴은 『자연 철학의 수학적 원리』라는 제목의 논문을 제출했다.

빈센트 박사는 이 논문을 보고 칭찬을 아끼지 않았다.

"이 논문은 케플러가 제안한 코페르니쿠스의 가설을 수학적으로 증명한 것이며, 천체의 모든 운동을 하나의 중력으로 간단히 설명한 위대한 작품이야."

2권과 3권이 연거푸 나왔다. 『자연 철학의 수학적 원리』는 라틴어로 쓰였다. 라틴어는 당시 지식인의 언어였다.

뉴턴이 이 책들을 완성하는 데 꼬박 18개월이 걸렸다. 인류가 창조한 가장 위대한 걸작품 중 하나가 이렇게 세상에 나온 것이다.

세 권의 책 제목은 『자연 철학의 수학적 원리』로 되어 있으나 『프린키피아』라고 부르는 사람이 더 많았다. 이 작품들은 왕립 학회의 부족한 경비 지원에도 불구하고 1687년에 무사히 출판되었다.

기하학 원리와 증명을 함축한 내용들로 꽉 찬 이 세 권의 책은 지금까지 인간이 남긴 작품 가운데 가장 위대한 과학 서적이란 평가를 받고 있다. 뉴턴을 아끼는 과학자들은 공감했다.

"만유인력에 관한 이론뿐만 아니라 그가 주장한 세 가지 운동 법칙 등이 등장한 이 책은 신의 손으로 짠 것이며, 만유인력의 법칙의 지배 아래 스스로 움직이는 우주에 관한 신비를 완성한 대걸작이다."

이 책이 탄생하기까지 우여곡절도 많았다. 이 책이 형태를 갖추어 나올 수 있었던 것은 순전히 핼리의 공이었다.

핼리는 뉴턴이 책을 쓰겠다고 할 때까지 인내심을 가지고 설득했다. 집필 중에는 뉴턴의 심기가 불편해질까 봐 조마조마했다. 편집 체제를 정하는 일, 삽화를 준비하는 일 등을 맡아 손수 교정까지 보았다. 이 기

『자연 철학의 수학적 원리』

간 동안 핼리의 개인 생활은 거의 없다시피했다.

그러나 인쇄가 끝나 책이 나올 무렵 훅이 부당하게 시비를 걸어서 핼리는 또 한 차례 애간장을 태워야 했다.

훅은 뉴턴과 화해도 할 겸 쓴 편지에서 행성의 궤도가 타원이라는 것을 수학적으로 증명해 보라고 뉴턴에게 한 말을 꼬투리 잡았다. 훅의 속셈을 알게 된 핼리는 재빨리 뉴턴에게 편지를 썼다.

"훅은 선생님이 서문에서 그의 이름을 언급해 주기를 기대하고 있는 것 같습니다."

그러나 이 편지를 받아 본 뉴턴에게는 옛날 훅과 벌인 논쟁이 앙금이 되어 남아 있었다. 훅의 집요함에 치가 떨렸다. 뉴턴은 핼리에게 이런 내용을 담은 편지 한 장을 보냈다. 그리고 3권을 발표하는 일은 절대로 없을 것이라고 완강하게 말했다. 얼음장처럼 싸늘했다. 3권은 『프린키피아』 중의 최고로, 우주의 체계를 확립시킬 참이었다. 청천벽력 같은 뉴턴의 편지를 손에 쥔 핼리는 안절부절못했다.

"핼리 선생, 과학은 건방지게 논쟁하기를 좋아하는 숙녀인가 봅니다. 나는 그 사실을 예전에 통감했는데 순간 망각했습니다. 그 숙녀가 다시 나에게 경고하고 있군요."

"천신만고 끝에 얻어 낸 원고인데 이게 뭐람."

뉴턴과 훅 사이에 흐르는 난기류를 누구보다 잘 알고 있던 핼리는 한숨만 내쉬었다. 뉴턴의 심경을 충분히 이해할 수 있었다.

뉴턴은 왕립 학회 회원이라면 넌더리가 났다. 핼리는 그를 진정시키는 데 안간힘을 쏟았다. 어떻게 해서든지 3권의 발표를 포기하지 않도록 설득하는 데 드디어 성공했다. 완간의 꿈이 눈앞에 다가왔다.

『프린키피아』 1권에서는 모든 운동이 진공에서 일어나는 것으로 가정하고 저항이 없는 매질 속에서의 운동을 설명했다. 그리고 3대 운동 법칙을 소개했다.

2권에서는 저항을 일으키는 환경에서의 운동, 예를 들면 물 위나 물속에서 움직이는 물체의 운동을 다뤘고, 이것이 선박에 이용될 수 있다는 사실을 넌지시 시사했다. 오늘날의 '유체 역학'과 같은 것이었다. 이 책에서 그는 한때 존경했던 데카르트의 기계론적 우주관을 과감히 비판했다.

3권에서는 두 권의 내용을 간단히 요약한 뒤 하나의 원리로 우주의 구조를 묘사했다. 그는 목성, 토성, 지구의 위성 등 태양 둘레의 모든 행성의 운동을 만유인력으로 완전히 설명했다. 그리고 나서 완전한 진리에 도달했다.

그는 지구의 질량을 기준 삼아 태양과 행성들의 질량을 계산하는 방법을 발견하고 거의 정확한 값을 얻었다. 태양의 인력 때문에 달의 운동이 불규칙함을 알아냈고 다른 위성의 운동을 같은 식으로 다루었다. 그리고 케플러의 세 가지 법칙을 증명했다. 정말 놀라운 업적이었다.

뉴턴은 『프린키피아』에서 천문학과 역학의 혁명을 완성하였다. 이는 코페르니쿠스, 갈릴레이, 케플러를 거쳐 발전한 천문학 혁명과 갈릴레이, 하위헌스를 거친 역학 혁명의 완결판이었다. 고전 물리학의 완성판인 셈이다. 『프린키피아』가 세상에 모습으로 등장하기까지 숨은 일등 공신으로 핼리를 꼽지 않을 수 없다.

또한 뉴턴은 혜성이 태양의 인력에 영향을 받으며 태양계의 식구라는 사실을 알려 주었고, 혜성의 궤도를 계산하는 방법을 보여 주었다.

『프린키피아』가 세상에 나오자 불티나게 팔렸다. 과학자들은 앞다투어 이 책이 '인간 지성이 낳은 최대의 걸작'이라고 극찬했다.

뉴턴의 인기는 날이 갈수록 치솟았다. 프랑스의 과학 정기 간행물인 『월간 지식인』은 서평에서 "뉴턴의 저작은 상상할 수 있는 한 가장 완전한, 역학에 관한 논문이다. 그의 설명보다 더 자세하고 정확하기란 불가능할 것"이라고 논평했다.

독일에서는 라이프니츠가 발간한 『과학협회보』마저 장장 12쪽에 걸쳐 서평을 싣고, 이 책이 담고 있는 내용을 세세히 설명하였다. 그리고 서두에서 뉴턴을 당대 최고의 수학자라고 평가했다.

모두 세 권으로 된 『프린키피아』는 누구나 쉽게 읽을 수 있는 것이 아니었다. 기하학으로 도배된 그 책은 너무도 난해했다. 케임브리지 대학조차 『프린키피아』가 발간되고 난 6년 후에도 이 책을 강의할 엄두를 내지 못했다. 대학 강단에서는 알기 쉬운 데카르트 학설을 위주로 강의하고 있었다. 뛰어난 수학자들마저도 『프린키피아』의 내용이 어렵다고 불평했다.

『프린키피아』는 출판된 지 50년 뒤에야 대학 교과목에 들어갈 수 있었다. 스코틀랜드의 세인트 앤드루스 대학과 에딘버러 대학이 최초로 교재로 채택했다.

신경증 발작

세상의 눈은 온통 뉴턴 한 사람에게 집중되다시피 했다. 뉴턴이 한때 신경 쇠약 증세로 휴식을 취하고 있을 때였다. 사람들은 이를 보고 뉴턴의

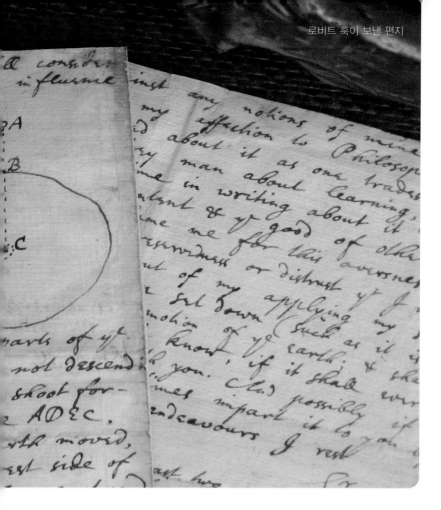

시대도 끝났나 보다고 수군거렸다.

그러나 뉴턴은 건재했다. 20년 전에 발표한 광학 이론을 정리해 1704년에 『광학』이란 책을 세상에 내놓았다. 『프린키피아』를 출판한 지 17년 만이었다.

영어판 『광학』은 실험을 통해 밝힌 과학을 쉽게 풀어 써서 일반인도 충분히 이해할 수 있었다.

『광학』이 세상에 빛을 보기까지 오랜 세월이 걸린 것은 훅 탓이었다. 뉴턴은 훅이 죽기 전에는 광학에 관한 어떠한 논문도 출판하지 않겠다고 결심했다. 훅의 험담을 도저히 이겨 낼 재간이 없었기 때문이었다.

혹은 광학에 관한 한 뉴턴뿐만 아니라 누구의 업적도 인정하지 않았다. 괴팍한 그는 유일한 광학 전문가로 인정받고 싶어 했다. 혹은 1703년 이후 이 세상에 없었다. 뉴턴은 속이 후련했다.

뉴턴은 저술 활동을 하거나 연구에 몰두할 때 열정적이었다. 새벽 2시나 3시 이전에는 잠자리에 든 적이 별로 없었다. 새벽 4, 5시경까지도 일을 하고 하루에 네 시간만 자는 적도 수두룩했다.

뉴턴에게 얽힌 재미있는 에피소드도 많다. 하루는 친구들이 왔는데, 포도주를 가지러 서재에 들어갔다가 불현듯 착상이 떠올라 친구들이 온 사실도 까마득히 잊고 그 자리에 앉아 시간 가는 줄 모르고 글을 써 내려갔다. 그가 서재에서 나왔을 때는 이미 친구들은 모두 돌아가고 없었다.

그리고 그는 일깨워 주지 않으면 식사하는 것을 잊어버리곤 했다. 하녀는 주인이 점심과 저녁을 한 끼도 먹지 않은 것을 자주 발견했다. 이때마다 그녀는 주인을 이해할 수가 없었다. 급기야 하녀는 주인이 의심스럽기까지 했다.

"혹시 우리 주인님이 미친 것은 아닐까?"

그는 트리니티 대학의 정원을 거닐고 있는 동안에도 아이디어가 생각나면 갑자기 2층 연구실로 뛰어올라가 의자를 꺼낼 겨를도 없이 책상 앞에 선 채로 기록하곤 했다.

병을 앓을 때도 개의치 않고 일에 몰두했다. 하인들이 몹시 걱정하는 눈치를 보이면 오히려 뉴턴은 공연한 생각이라고 타박했다.

뉴턴은 신학과 연금술 연구에도 많은 시간을 할애했다. 그러나 이 두 분야의 연구는 철저히 베일에 가려져서 그가 살아 있는 동안에는 한 편의 논문도 공개되지 않았다. 이 은밀한 연구는 200여 년이 지난 뒤에야 세상에 드러났다. 그의 신학은 하느님이 인간을 언제 창조하였는가를 밝히는 인류의 기원에 초점을 맞췄다.

의원이 되다

뉴턴은 네 살 아래인 라이프니츠와 미적분 선취권 다툼에서 패배한 뒤 친구들의 권유에 못 이겨 케임브리지에서 런던으로 이사했다.

런던에 온 뉴턴은 1689년에 국회의원으로 선출되었다. 의회에 나가서는 항상 묵묵히 앉아 있을 뿐이었다. 말 잘하는 의원들은 뉴턴이 신기했다. 하루는 뉴턴이 벌떡 일어났다. 그 순간 의원들의 눈길이 뉴턴에게 쏠렸다.

"창문 좀 닫아 주시오."

이 말 한마디뿐이었다. 그리고 조용히 의자에 앉았다. 그 이후로는 한 번도 의회에서 발언한 적이 없었다.

말수가 적은 뉴턴 의원은 런던 사교계에서 가장 위대한 자연 철학자이자 매력적인 인물로 손꼽혔다. 여기에서 그는 친분이 두터운 존 로크를 비롯해 새 친구들을 만나게 되었다. 또한 페피스도 알게 되었는데 그는 뉴턴을 매우 존경했다. 페피스는 뉴턴을 주요 인사들에게 소개했다. 뉴턴은 고리타분한 연구실 생활에서 벗어나고 싶었다.

『프린키피아』를 집필할 때 진저리날 정도로 몰두해야만 했던 고달픈 시간들, 그리고 왕립 학회 회원들과의 논쟁 때문에 차라리 과학에 무관심하고 싶었다.

뉴턴 의원은 새로운 일자리를 구하기 시작했다. 과학 연구와는 거리가 먼 행정직에 몸담기를 원했다.

1691년, 뉴턴은 로크를 찾아갔다. 로크는 정부 요직에 있는 인사를 많이 알고 있었다.

"이제 새로운 일자리를 찾아야겠어요. 조폐국의 감사관 자리를 얻고 싶은데, 나를 도와줄 수 없겠소?"

"한 번 알아보겠습니다. 그러나 큰 기대는 마십시오."

그러나 마음에 딱 맞는 일자리를 쉽게 구할 수는 없었다. 대신 뉴턴은 양로원 원장 자리를 얻을 수 있었다. 연구실로 돌아가기가 죽기만큼 싫어진 그는 이 자리라도 지켜야 했다. 그런데 불만스러운 점투성이었다. 참다 못해 그는 로크에게 한 통의 편지를 썼다.

"나를 양로원에 넣어 주어서 고맙소. 그러나 내가 별로 타고 싶은 생각이 없는 대형 마차 이외에는 그 자리를 위해 뛰어다닐 만한 보람을 전혀 찾지 못하겠습니다. 200파운드에 불과한 연봉으로 답답한 런던의 공기에 갇혀 지내야 하는 생활이 즐거운 일만은 아닌 듯하군요."

1691년이 시작되었다. 뉴턴은 12년 전에 트리니티 대학에서 만나 허물없이 지내온 몽테뉴에게 조폐국 취직을 부탁했다. 이때에도 아무 일도 얻지 못했다.

두 차례에 걸쳐 시도한 구직 실패는 뉴턴의 심기를 이만저만 괴롭힌 것이 아니었다. 뉴턴은 친구들이 모두 자기를 실패의 구렁텅이에 빠뜨리고 속이고 있다는 피해망상증에 빠져 있었다. 그로 인해 심한 우울증과 신경 쇠약에 시달리기도 했다. 불편한 마음에 거의 1년간 제대로 먹지도 못하고 편안히 잠들 수조차 없었다.

심지어 로크에게 그를 원망하는 욕설투성이의 편지를 보내기도 했다. 이때 뉴턴의 건강은 최악이었으며 감정은 걷잡을 수 없이 헝클어져 있었다. 1693년 말에 정상으로 돌아오긴 했지만 항상 긴장해 있고 병적일 만치 예민해졌다.

가까스로 건강을 되찾은 뒤 뉴턴은 다시 천문학자인 플램스티드와 불규칙적인 달의 운동에 대해 한차례 신경전을 벌였다. 서신 왕래는 싸움

뉴턴은 가장 매력적인 철학자이자 의원으로 성공 가도를 달렸다.

으로 번졌고 결국 절교하고 말았다.

1696년 봄, 뉴턴에게 반가운 편지 한 통이 날아왔다. 그동안 몽테뉴가 뉴턴을 취직시키기 위해 백방으로 노력하고 있었다.

"나는 사랑하는 친구에게 나의 우정을 증명할 수 있게 되었으며 왕이 자네의 공로에 경의를 표시했음을 전달할 수 있게 돼 기쁘게 생각하고 있다네. 조폐국장이었던 오버튼 씨가 세관 장관으로 임명되면서 왕이

뉴턴이 생전에 아꼈던 물건들

자네를 조폐국장으로 선임할 것을 약속했다네. 그 자리가 자네에게 안성맞춤이라고 생각하네. 조폐국 책임자의 연봉은 5,600파운드쯤 되고 틈나는 대로 돌보아야 할 정도의 일밖에는 없다네."

이 편지를 받는 순간 뉴턴이 몽테뉴에게 품었던 피해망상증은 말끔히 사라졌다.

그가 조폐국에 취직해 공무를 수행하면서 과학 연구 활동은 실질적으로 막을 내렸다. 런던에 온 뉴턴은 가는 곳마다 돈을 뿌렸고, 젊은 친구들이나 고향에서 온 사람들과 만나는 것을 좋아했다. 평민 신분이었던 과거를 군이 숨기고 싶지 않았다.

그리고 런던에 사는 링컨셔 사람들이 해마다 개최하는 축제에 참석하기를 좋아했다. 그는 런던의 화려한 사교계에서 유명 인사 대접을 받는 시간이 가장 즐거웠다.

▌런던 사교계에 등장

『프린키피아』와『광학』의 저자는 과학계는 물론 상류층에서도 인기 상한 가를 누리고 있었다.

1705년에 앤 여왕은 그에게 작위를 수여했다. 이는 여왕의 부군인 게오르 공의 추천에 따른 것이었다. 그는 덴마크 출신의 귀족으로 과학에 흥미를 갖고 있을 뿐 아니라 이전에 왕립 학회의 회원으로 선출된 적도 있었다. 뉴턴의 나이 예순두 살이었다. 이 자리에서 여왕은 축사를 낭독했다.

"이렇게 위대한 인물과 같은 시대에 살며 뉴턴을 알게 된 것을 행복으로 생각합니다."

과학자가 작위를 받은 것은 그가 최초였다. 단번에 그는 영국의 거물급 인사가 되었다. 그는 계속 몰려드는 고관대작들을 만나고 두 번에 걸쳐 『프린키피아』의 개정판을 출판하는 것을 지휘하고 감독하느라 바빴다.

하루아침에 뉴턴 경은 왕실의 친구가 되었다. 또한 과학계의 존경을 한 몸에 받았다. 그는 가는 곳마다 귀족이든 케임브리지 학장이든 시골에서 온 평민들이든 모든 이들에게 경으로서 환대받았다. 영국을 방문한 모든 외국 사절단은 그를 만나 보기를 원했다. 어느 날 아침에 깨어 보니 국제적인 스타가 되어 있었다.

런던 사교계에 혜성처럼 나타난 뉴턴 경은 귀부인들 앞에 나갈 때는 당대에 유행한 곱슬머리 가발을 반드시 착용했다. 그러나 그가 가발을 벗으면 드러나는 은빛 찬란한 머리카락이 높은 신분을 더 잘 대변하는 듯했다.

그리고 조그만 키에 잘 발달된 근육도 돋보였다. 약골이었던 뉴턴 소년을 전혀 상상할 수 없을 정도로 변해 있었다. 건장한 뉴턴 경은 청장년기 때 약시였는데, 나이가 들수록 시력이 좋아져서 회계 장부를 들춰볼 때도 안경이 필요 없었다. 그는 완벽한 청력과 전혀 손상되지 않은 튼튼한 치아를 가지고 있었다. 훤칠한 이마도 돋보였다.

뉴턴 경은 하루아침에 부와 명예와 권력을 모두 손아귀에 넣게 되었다.

절찬리에 팔린 『프린키피아』는 암스테르담에서 1714년과 1723년에 다시 간행되었다. 라틴어 판인 이 책은 나중에 여러 나라 말로 번역되었다.

뉴턴 경은 1723년에는 영국 왕립 학회 회장으로 추대되었다.

뉴턴 경의 하루는 항상 꽉 짜여 있었다. 그러나 여유가 생긴 그는 조폐국 일 외에도 분쟁에 휘말려 근처에도 얼씬하기 싫었던 왕립 학회의 일에도 차츰 흥미를 갖기 시작했다.

그는 매주 열리는 왕립 학회 회의에 반드시 참석했다. 그가 회장이 되기 전에는 매주 수요일에 열렸는데, 그날은 조폐국에서 주화를 지불하는 날이어서 회의를 목요일로 바꾸었다.

한편 뉴턴은 한때 미적분 발견의 선취권을 놓고 긴 싸움을 벌인 독일의 라이프니츠가 1716년 11월 14일에 하노버에서 숨을 거두었다는 소식을 듣고 몹시 슬퍼했다.

베를린 과학 협회 초대 회장을 역임한 바 있는 라이프니츠는 궁중에서까지 "라이프니츠 혼자만으로도 아카데미 전체"라며 침이 마르도록 극찬한 인물이었다. 그러나 라이프니츠의 장례식은 조국의 자랑스러운 인물을 장사 지낸다기보다는 노상강도를 파묻듯이 매장했다는 이야기를 전해 들었다.

라이프니츠의 장례식장에는 그에게 칭찬을 아끼지 않던 고관들이 단한 명도 참석하지 않았으며, 단 한 사람의 성직자도 그의 임종을 지켜보지 않았다. 파리의 아카데미조차 기념제를 열어 라이프니츠의 죽음을 애도하며 경의를 표했는데 그의 조국인 독일의 과학 협회 사람들은 그협회 창설자이자 최고위 회원인 그의 죽음에 아무런 조의도 표시하지않았다.

비록 한때 적 같은 경쟁자의 죽음이긴 했지만 독일 사람들의 매정한마음 씀씀이가 뉴턴을 슬프게 했다.

별이 지다

뉴턴 경은 케임브리지 시절에 한 차례 치른 병마와 『프린키피아』 집필을마치고 나서 2년 동안 앓은 우울증과 신경 쇠약을 제외하고는 여든 줄에들어설 때까지 아주 건강했다.

80대 초반에 잠깐 폐렴을 앓긴 했지만 곧바로 회복되었다. 그러나 노인의 건강은 예전 같지 않았다. 어느 날 주치의는 심각한 표정을 지었다.

"런던의 공기가 건강을 해치는 듯합니다. 조용하고 공기가 맑은 켄싱턴으로 옮겨 휴양하실 생각은 없으신가요?"

"할 수 없지. 이제 내 나이도 어쩔 수 없구만."

뉴턴 경은 썩 내키진 않았지만 켄싱턴으로 거처를 옮겼다.

1727년 2월, 뉴턴 경은 왕립 학회 회의에서 사회를 보기 위해 마차를타고 런던으로 가고 있었다. 노인이 울퉁불퉁한 비포장도로를 따라 먼길을 가기란 힘에 부쳤다.

회의는 끝까지 마치고 귀가했다. 그러나 켄싱턴으로 돌아왔을 때는 심한 피로 때문에 병세가 심하게 악화되어 있었다.

켄싱턴에 도착한 그는 영영 회복될 수 없었다. 그는 마지막 순간까지 신이 맡겨 준 소임을 다하다가 3월 20일에 운명했다. 그리고 3만 2,000파운드의 거액을 유산으로 남겼다.

뉴턴 경은 인류를 위해 위대한 업적을 남기고 갔다. 동료 과학자들에게는 한 치도 양보하지 않았지만 신 앞에서 항상 겸손했다. 그는 죽음을 눈앞에 두고 이렇게 말했다.

"세상에 어떻게 보일지 모르지만 나는 진리의 큰 바다를 밝히는 것은 고사하고 엄두도 내지 못했습니다. 나는 눈앞에 펼쳐진 강가에서 물장구를 치면서 가끔 조약돌이나 아름다운 조가비를 줍고 좋아라 하는 어린아이에 불과했습니다. 이제 하느님 곁으로 가서 영원히 쉬고 싶습니다."

장례식에서 뉴턴 경에게 최고의 영예가 수여되었다. 그의 유해는 웨스트민스터 대사원에 안장되었다. 유해는 상원의장과 두 명의 공작, 그리고 세 명의 백작에 의해 운구되었는데, 웨스트민스터는 지체 높은 귀족에게도 쉽사리 허용되지 않는 곳이었다. 장례 행렬이 지나가는 길목에는 뉴턴 경의 죽음을 애도하는 수십만 명의 시민들이 줄지어 서 있었다. 하늘에서는 가랑비가 뿌렸다.

이날 장례식장에는 프랑스의 위대한 작가 볼테르도 참석했다. 그는 뒷날 뉴턴 경의 발견을 이렇게 찬양했다.

"이곳에 아이작 뉴턴 경이 잠들다. 경은 신에 가까울 정도의 정신력으로 수학의 도움을 받아 행성의 운동과 형태, 혜성의 궤도와 밀물과 썰물의 원리를 밝혀 냈다. 일찍이 아무도 예상 못하던 광선의 차이와 거기서 생기는 색의 특수성을 알아내기도 했다. 자연과 성서의 충실한 해석자로서 경은 전능하신 창조주의 힘을 찬양하였다. 경은 복음서가 말하는

웨스트민스터 대사원에 잠든 뉴턴

순박함을 생애를 통해 보여 주었다. 저세상 사람들은 인류의 보물이 그들의 대열에 합류한 것을 기뻐할지어다. 1642년 12월 25일에 태어나서 1727년 3월 20일에 잠들다."

웨스트민스터 대사원에 잠든 '우주 혁명의 완성가' 뉴턴 경의 수학적, 합리적, 경험적, 실험적인 학문의 세계는 뒷날 계몽주의 철학자들의 영원한 길잡이가 되었다.

아이작 뉴턴

인터뷰

뉴턴은 1686년 4월에 불후의 명작 『자연 철학의 수학적 원리』(일명 『프린키피아』)를 편찬. 과학을 통일했다. 그리고 케플러에 이어 단순한 수학 법칙이 자연계 전체에 두루 영향을 미치고 지상에서 적용되는 법칙이 천상에서도 똑같이 적용됨을 보여 줬다. 그는 케플러의 제3법칙을 이용해 인력의 세기를 수학적으로 측정한 관성의 법칙을 발견했다.

그리고 갈릴레이가 발견한 목성의 달들이 목성의 궤도를 회전하는 힘도 목성의 중력이라는 것을 밝혔다. 사과가 지구로 떨어지는 것이나 달이 지구를 도는 현상은 같은 힘의 작용이라는 것을 발견하고 중력의 법칙이 존재한다는 사실을 세상에 알렸다. 사람들은 이를 '만유인력의 법칙'이라고 부른다.

인류가 낳은 최고의 지성 뉴턴은 1666년인 스물세 살 때 케임브리지 대학에 재학하던 중 흑사병이 퍼져 고향인 울즈소프로 돌아갔고, 2년을 보람 있게 보냈다. 이것이 평생의 운명을 결정지었다. 뉴턴은 그 기간 동안 미분과 적분을 발견했고, 빛의 기본 성질을 알아냈으며, 만유인력 법칙의 기반을 구축하게 되었다. 스승 아이작 버로우 교수가 그의 재능을 인정. 수학 교수 자리를 물려주어 26세의 젊은 나이에 출세 가도를 달리기 시작했다. 그러나 뉴턴의 강의가 너무 어렵고 난해해 수강 신청자가 단 한 명이 없을 때도 있었다.

인류 역사를 빛낸 위인이 자신이 발견한 것을 남에게 빼앗길까 봐 늘 전전긍긍하고 동료 과학자들과 무서울 정도로 경쟁한 것은 위인답지 못한 단점으로 지적된다.

"어머니는 대학 진학에 반대 천재성 알아준 스승에 감사"

▲ 어머님에 대한 기억은?

– 지독한 어머니셨다. 내가 지주가 되어 어머니의 토지를 물려받기를 원하셔서 아예 대학 진학을 반대하셨으니까. 그래서 킹스 스쿨에 다니다 말고 고향에 끌려갔지만, 나는 워낙 목표가 확고해서 어머니가 시키는 대로 하지 않은 불효자였다.

▲ 감사함을 전하고 싶은 사람이 있다면?

– 문맹에 가까운 시골 아낙네나 다름없는 어머니를 설득해 나를 케임브리지에 보낸 킹스 스쿨의 스톡스 교장 선생님이 아닐까? 스톡스 교장 선생님은 나의 천재성을 발견하고 울즈소프에 사는 어머니를 몇 달 동안 찾아가 눈물겹게 노력하신 분이다. 40실링의 거액을 내놓으며 재능이 있는 소년을 시골 농장에 묶어 둔다는 것은 국가적으로 큰 손실이라며, 돈이 없어서 대학을 못보낸다는 어머니의 변명을 아예 막아 버렸다.

▲ 진리와 철학에 대하여 한 말씀.

– 진리는 침묵과 끊임없는 명상의 결과요, 철학은 입씨름하는 여자와 같다고나 할까. (분통이 터진 듯한 볼멘소리로)

뉴턴의 제1법칙

"물체에 힘을 가해 상태를 바꾸지 않는 한 모든 물체는 정지해 있거나 직선으로 일정하게 움직이는 상태를 유지하려고 한다."
사실 이러한 원리를 최초로 정립한 사람은 갈릴레이였다. 뉴턴은 이탈리아의 천재 과학자 갈릴레이가 만든 원리를 자신의 역학 체계에 맞게끔 다시 정리했다.

뉴턴의 제2법칙

"물체 운동의 변화는 물체에 가해져 운동을 일으키는 힘에 비례한다. 그리고 이 힘이 가해진 직선 방향으로 변화가 일어난다."
간단히 말하면, 이 법칙은 공전하는 행성은 태양을 향해 직각으로 끌리고 있다는 뜻이다.

뉴턴의 제3법칙

"모든 작용에는 똑같이 반대로 작용하는 현상이 나타난다. 두 물체가 상호간에 미치는 작용은 항상 같으며, 서로가 똑같이 상쇄되는 방향으로 작용한다."
한 물체가 다른 물체에 일정한 거리를 두고 작용한다면, 두 번째의 물체 또한 첫 번째의 물체의 반대 방향으로 힘을 미친다. 달이 지구를 잡아당기는 것과 똑같은 힘으로 지구는 달을 잡아당기고 있다. 이것은 지구와 사과도 마찬가지이다. 운동의 세 가지 법칙을 통해 뉴턴은 근대 물리학을 확립했다.

트러블 메이커 뉴턴 씨에게

뉴턴 씨, 플램스티드 씨하곤 서로 기회만 있으면 상대방을 헐뜯고 연구를 방해하지 못해 안달이라고요?

뒷조사에 따르면, 왕실 천문학자인 플램스티드 씨가 관측한 천문 자료를 선생의 불후의 명작 『프린키피아』에 써먹을 작정으로 플램스티드를 협박한다는 소문이 파다합니다.

1711년 10월 어느 날을 기억하세요? 플램스티드 씨가 런던에 있는 왕립 학회 사무실에 성난 얼굴로 쳐들어간 사건은 아시나요?

뉴턴 씨는 6년 전 기사 작위까지 받은 과학계의 최고봉이자 중요 직책까지 맡아 세상에서 가장 유명한 과학자로 자타가 인정하는 분이잖아요. 그런데 뉴턴 씨가 그 신분을 악용해 다짜고짜로 플램스티드 씨에게 그동안 관측한 천문 자료를 내놓으라고 했다고 들었습니다.

그래서 플램스티드 씨가 뉴턴 씨에게 "글쎄, 제 연구 결과들을 도둑맞았지 뭐예요" 하고 천연덕스럽게 말하자, 뉴턴 씨가 "그러면 내가 자네 연구를 훔쳐 간 도둑놈이란 말인가?" 하고 큰소리쳤다고 하던데, 사실입니까?

뉴턴 씨는 플램스티드 씨 말고도 훅 씨와도 사사건건 싸우고, 미적분이란 수학 기법을 가지고 고트프리트 라이프니츠와 30여 년 동안이나 논쟁했습니다. 솔직히 말해 라이프니츠 씨는 뉴턴 씨에겐 상대가 안 되는 독일이란 삼류 무대 출신 소장파인데, 아량을 베풀 수는 없었는지 궁금합니다.

66

너무나 황홀했다.
그래서 매일 밤 망원경에 매달렸다.
그리고 더욱 성능이 좋은 망원경을 만드는 데 열중했다.
결국 기적같이 천왕성을 발견했다.

99

who?

1738~1822

독일에서 태어나 영국에서 활동한 천문학자.
자신이 손수 만든 거대한 망원경으로 천체를 관측했다.
그는 천왕성을 발견하고, 태양계의 운동을 입증하는 등
많은 업적을 남긴 항성 천문학의 시조이다.

윌리엄 프레더릭 허셜 William Frederick Herschel

천왕성을 발견한
오르간 연주자

막상막하

르네상스의 휴머니즘에서 싹튼 자유주의, 개인주의, 합리주의, 경험주의는 시민 계급이 새로운 사회의 주인공이 되고 자연 과학이 비약적으로 발전한 18세기에 이르러서는 더욱 뚜렷이 통합된 계몽 사상을 낳았다.

18세기 유럽 과학계에는 뚜렷이 구분되는 두 가지 특징이 나타나기 시작했다. 영국의 과학자들은 실험에 치중하고 프랑스의 과학자들은 이론에 몰두했는데, 국적이 다른 그들의 연구는 상호보완적이었다. 그리고 응용 과학은 아마추어의 손에서 기계 제조업자 또는 기술자에게

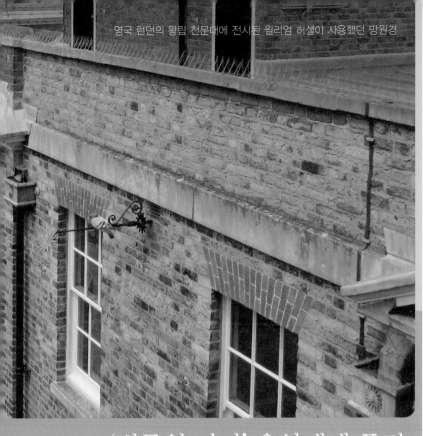

'별들의 바다' 은하계에 풍덩

로 넘어갔다.

영국의 과학자와 기술자는 실험적이고 응용적인 과학을 발전시켜 산업 기술에 직접적인 영향을 주었고 와트의 증기 기관 등에 응용되었다.

반면에 프랑스의 경우 자카르의 무늬 짜는 기계와 같은 사치스러운 분야를 제외하고는 산업 혁명의 기술에 이바지하지 못했다. 프랑스 인은 오히려 가톨릭 교회와 국가의 이념을 이론적으로 비판하고 계몽 철학을 퍼뜨리는 일에 전념했다. 프랑스의 계몽 운동은 데카르트의 이론을 대중화한 퐁트넬과 뉴턴의 체계를 프랑스에 도입한 볼테르가 주도했다.

프랑스와 영국은 이론과 실험으로 구분되어 있었을 뿐만 아니라 과학 활동의 중심에도 명백한 차이가 있었다. 또한 과학자를 배출하는 사회적 배경도 달랐다.

18세기 초반에 영국 과학자의 대부분은 세번 강과 워시 만 이남 출신이었다. 18세기 후반에는 스코틀랜드나 공업 활동이 활발한 중부와 북부 지방에서 과학자가 많이 배출되었다. 이들은 귀족 출신이나 벼락부자가 아니었고 왕립 학회 회원도 아니었다. 조지프 프리스틀리와 존 돌턴은 직공의 아들이었으며, 험프리 데이비와 마이클 패러데이는 도제 출신이었다. 또한 이들은 국교파가 아닌 비국교파였다. 비국교파 교수 가운데는 워링턴 아카데미의 조지프 프리스틀리, 맨체스터 대학의 존 돌턴과 같은 훌륭한 과학자도 있었다.

프랑스에서는 귀족 출신 과학자가 판을 치고 있었다. 퐁트넬과 볼테르처럼 법률가 집안 출신들이 과학 운동에서 중요한 자리를 차지하고 있었다.

한편 18세기 철 생산의 중심지인 스웨덴에서는 비교적 신분이 낮은 과학자들이 등장했다. 린네와 베르젤리우스는 목사의 아들이었고 셸레는 약사 출신이었다.

어쨌든 18세기 자연 과학계는 영국과 프랑스 두 나라가 막상막하로 공동 선두를 차지하고 있었다. 19세기 초의 몇십 년 동안은 프랑스가 세계 과학계의 왕자였다.

그러나 자연 현상을 이론적으로 해석하려는 프랑스의 이론 과학자들이 경험주의를 추구하는 영국의 실험 과학자들에게 결국 지고 말았다. 프랑스는 왕관을 유지하지 못했다. 1850년경에는 영국이 과학계의 왕자로 득세했다. 그렇지만 영국도 권좌에 오래 머물러 있지 못했다. 19세기 말에 독일이 두 나라를 제치고 새로이 등장했기 때문이다.

군악대원의 아들

1713년에 영국의 앤 여왕이 죽자 규정대로 하노버 후작인 게오르크 루드비히가 다음 해에 왕위를 계승해 조지 1세가 되었다. 그 때문에 하노버는 오랫동안 영국 왕가의 소유지였는데, 1837년에 빅토리아 여왕이 즉위하면서 빅토리아 왕조가 서자 영국에서 분리되었다.

하노버 친위대 군악대의 오보에 주자는 이작 허셜이란 사람이었다. 그는 열 명의 자녀를 두었는데 넷은 어렸을 때 죽고 장녀 조피 엘리자베트, 장남 안톤 야곱, 넷째 윌리엄 프레더릭, 여섯째 요한 알렉산더, 여덟째 캐롤라인 루크리시아, 막내 디트리히가 남았다. 아들들은 군인 학교에서 공부했는데 넷째 윌리엄은 신동으로 소문이 났다. 그는 어려서부터 선생을 놀라게 한 적이 한두 번이 아니었다.

윌리엄의 아버지 이작 허셜은 천문학을 예찬한 사람이었고 그 방면의 지식도 웬만큼 갖추었다. 그래서 맑게 갠 날 밤이면 아이들을 데리고 동구 밖으로 나가 아름다운 별자리들을 손수 가르쳐 줄 수 있을 정도의 실력이었다. 이작은 그 당시 나타난 혜성을 아이들에게 보여 주며 우주에 대한 신비감을 부추기기도 했다.

윌리엄은 과학에 흥미가 많았다. 이작은 윌리엄이 과학을 연구하면서 여러 가지를 궁리하는 것을 보고 틈만 나면 그를 도와주었다. 윌리엄은 과학뿐만 아니라 오보에와 바이올린에도 뛰어난 솜씨를 보였다.

윌리엄도 아버지처럼 음악가가 되기로 결심했다. 윌리엄은 열다섯 살 때 친위대의 군악대 멤버가 되었다. 허셜가는 음악 가족이었다.

허셜가의 남자들은 독주자나 조수로 궁정의 오케스트라에 초대돼 가곤 했다. 연주회에서 돌아오면 집에 들어서자마자 악기를 정리해 두고 그날 연주에 대해 떠들썩하게 서로 평하기도 했다.

그러나 윌리엄은 다른 형제들과 달랐다. 음악 얘기를 듣다 말고 거실 한쪽 귀퉁이에 마련된 책상으로 달려가 새벽녘까지 과학 공부에 몰두했다.

이작은 윌리엄이 과학에 대해 열변을 토할 때마다 이야기 상대가 되어 주었으며, 기계를 만들어 윌리엄이 과학을 이해하는 데 도움이 될 수 있도록 했다. 이작과 윌리엄의 합작품 중에는 윌리엄이 손수 적도와 황도를 새겨 넣은 4인치 크기의 지구의도 있다.

가족끼리 나눈 대화의 주제가 과학 문제로 들어가면 항상 윌리엄의 독무대였다. 주로 말상대는 아버지 이작이었다.

윌리엄은 밤이 새는 줄 모르고 뉴턴, 라이프니츠, 오일러 등의 이름과 학설을 대며 이야기에 열을 올렸다. 토론은 점점 뜨거워져서 학술 대회장을 방불케 했다. 어머니가 이를 지켜보고 있다가 제발 목소리를 낮추라고 주의를 주기도 했다. 다른 아이들이 윌리엄의 열변에 잠을 설쳐 학업에 지장을 받는 일이 종종 있었기 때문이다.

"애야, 다른 형제들은 내일 아침 7시에 학교에 가야 한단다. 조금만 작은 목소리로 얘기할 수 없겠니?"

"네, 어머니. 그런데 이런 얘기만 하면 저도 모르게 흥분이 되는 걸 어떡해요."

윌리엄은 새벽녘까지 말상대가 되어 준 아버지가 잠든 것도 모르고 이야기하며 과학에 깊이 빠져들었다.

허셜가에 찾아온 행복한 시간은 길지 않았다. 1755년 말에 하노버 연대에 영국 주둔 명령이 내려졌다.

아버지 이작과 장남 야곱, 윌리엄은 연대와 함께 영국으로 건너갔고 나머지는 하노버에 남아 졸지에 이산가족이 되었다.

그러나 이별의 기간은 그다지 길지 않았다. 세 사람은 다음 해에 하노버로 돌아왔다.

윌리엄 허셜이 생전에 사용했던 오르간

영국에 있을 때 윌리엄은 많지 않은 용돈을 아껴 로크의 『인간 오성론』을 구입할 수 있었다. 하노버 연대가 귀국하자마자 7년 전쟁이 또 시작되었다. 이작은 아들 윌리엄이 선천적으로 몸이 허약해 군 복무를 계속할 수 없다는 사실을 잘 알고 있었다. 이작 부부는 아이들이 잠들고 난 뒤 고민을 나누고 있었다.

"윌리엄이 약한 몸으로 종군 군악대 일을 계속할 수 있을지 걱정이야."

"저도 그렇게 생각해요."

"그러면 윌리엄을 영국으로 보냅시다."

각오

영국으로 건너간 윌리엄은 10년 동안 오르간 반주자와 음악 교사로서 잉글랜드의 북부 도시를 전전하며 생활고와 싸워야 했다. 그러다가 마침내 1766년에 온천지로 유명한 바스에 있는 옥타곤 교회에서 오르간 반주자 자리를 얻었다.

1767년에 오르간 반주와 아르바이트로 짭짤한 수입을 올린 윌리엄은 생활이 어느 정도 안정되자 여동생인 캐롤라인을 조수로 불렀다. 이때 캐롤라인은 스물세 살이었다.

캐롤라인이 바스에 있는 오빠 윌리엄네 집으로 온 것은 1772년 8월 28일이었다. 바스에는 허셜가의 3남매가 모였다. 알렉산더가 캐롤라인보다 한발 먼저 와 있었다.

윌리엄은 오르간을 연주하랴 학생들을 가르치랴 매우 바쁜 나날을 보내야 했다. 그런데도 틈만 나면 천체 관련 서적들을 읽었다. 음악 이론의 대가인 로버트 스미스가 광학에 대한 책을 저술했다는 소문이 들렸다. 『광학』을 읽고 난 윌리엄은 하늘에 맹세했다.

"나도 낮에는 음악 활동에 전념하고 밤에는 별을 연구하는 사람이 될 테야."

윌리엄을 감동시킨 로버트 스미스는 뒷날 케임브리지 대학의 유명한 수학 교수가 되었으며, 1716년에는 케임브리지 대학의 천문학 교수가 되었고, 이어서 트리니티 대학 학장이 되었다. 『화성학』(일명 『음악의 과학』) 외에도 네 권짜리 『광학의 전 체계』(1738)를 저술했는데, 독일어와 프랑스어로도 번역되는 등 18세기의 가장 유명한 교과서 중 하나가 되었다. 이 책의 3권에는 렌즈 연마법과 광학 기계의 구조와 사용법이 설명돼 있고, 4권에는 망원경으로 이룩한 천체 발견 역사가 총망라돼 있다.

망원경 제작을 위해 사용했던 작업실

   허셜가의 3남매가 자취하고 있는 바스는 부활제가 지나면 온 도시가 텅 비었다. 윌리엄의 제자들도 고향으로 돌아가 겨우 몇 사람만이 바스를 지키고 있었다.

망원경 제작

윌리엄은 조용한 겨울 동안 우유나 물 한 잔, 로버트 스미스의 『화성학』과 『광학』, 파거슨의 『천문학』 등을 끼고 침대에서 읽다가 잠들곤 했다. 하루 종일 방에 틀어박혀 책만 읽었다.

   윌리엄은 책에서 본 천체를 확인할 수 있는 망원경을 구할 방법을 궁리하고 있었다. 그는 옆에 있는 캐롤라인에게 말했다.

   "망원경 값이 너무나 비싸 구입할 엄두도 못 내겠는데."

   "좋은 생각이 떠올랐어요. 망원경을 만들어 보면 어떨까요?"

"그래, 내가 왜 그 생각을 못했지?"

시내에는 2피트 반(약 76센티미터)의 그레고리식 반사 망원경을 빌려 주는 상점이 있었다. 윌리엄은 그것을 한동안 빌려다가 천체 관측도 하고 망원경의 구조도 살피는 등 두 가지 성과를 톡톡히 얻을 수 있었다.

윌리엄은 하위헌스의 설명에 따라 길이 18~20피트짜리 굴절 망원경을 만들기 시작했다. 바스에는 안경 가게가 없었기 때문에 런던에 렌즈를 주문했다. 주문한 렌즈는 두 달 뒤에 도착했다.

캐롤라인이 긴 통을 붙잡고 있으면 윌리엄이 사방을 빙빙 돌아다니며 연결했다. 두 사람은 갖은 고생 끝에 어설프나마 망원경을 만들어 냈다.

그러나 완성된 망원경은 통이 너무 길어 지탱할 수가 없었다. 그래서 제작한 윌리엄 말고는 누구도 이 망원경을 사용할 수 없었다.

윌리엄은 목표를 다시 세웠다. 5피트짜리 반사 망원경을 만들기로 한 것이다. 런던 상회에 그만한 렌즈의 값을 묻는 편지를 썼다. 당장 그런 큰 치수의 렌즈는 없지만 필요하다면 제작해 줄 수도 있다는 답장이 왔다. 윌리엄은 이전에 렌즈를 가는 일을 한 적이 있는 퀘이커 교도 집으로 달려갔다.

"렌즈를 갈 때 필요한 주형, 공구, 숫돌, 연마기와 만들다 만 반사경 등을 팔 생각이 없나요?"

"요즘 쉬고 있는 참인데 잘된 일이군요. 얼마든지 가져가세요."

윌리엄은 중고 연장들을 모조리 사들였다. 그러나 그 연장은 작은 그레고리식 망원경 제작에나 쓸모가 있을 뿐 지름 2인치 이상의 렌즈는 깎을 수 없었다. 윌리엄은 모든 연장들을 새로 만들다시피 했고, 드디어 5.5피트짜리 반사 망원경을 완성했다. 윌리엄이 서른일곱 살 때 일이었다.

그 뒤 윌리엄의 가족은 뉴킹 가 19번지에 있는 좀 더 큰 집으로 이사했다. 집 뒤에는 텃밭이 있고 냇가로 향한 빈터가 있었다. 이곳으로 이사 온 윌리엄은 더욱 부지런히 일했다. 넓은 작업장을 가진 윌리엄은 새로운 개량형 망원경을 여러 개 만들었다. 망원경 만드는 일에 재미를 붙인 그는 솜씨가 좋아 당시로서는 제법 큰 반사 망원경을 만들어 팔기도 하고 자신이 쓰기도 했다. 또한 관측도 게을리하지 않았다.

오누이의 우정

손수 만든 망원경으로 밤하늘을 관찰하는 윌리엄 옆에는 항상 여동생 캐롤라인이 서 있었다. 1750년생인 그녀는 열두 살 손위 오빠네 집에 올 때까지 어머니 밑에서 가사를 돌보았다. 바스에 와서는 오빠네 살림을 꾸려 나가기도 하고 성가대 가수로 활동하며 명성도 날렸다.

그녀는 노래를 연습할 시간도 없이 밤늦게까지 오빠 옆에 붙어서 관측된 값을 기록하고 계산하고 논문을 하나하나 손으로 베끼는 일로 하루가 부족했다. 동그랗고 귀여운 그녀의 얼굴은 항상 밝고 명랑했다.

윌리엄이 초점 거리 7피트짜리 반사 망원경 제작에 착수했을 때는 시중드는 일 때문에 그녀가 성악을 연습할 수 있는 시간이 하루에 30분도 안 되었다. 미안한 윌리엄이 캐롤라인을 위로했다.

"캐롤라인, 부활절도 얼마 남지 않아서 성악 연습을 해야 할 텐데 말이야."

"괜찮아요, 오빠를 돕는 일이 더 중요한 것 같아. 머릿속에 악보를 떠올리며 속으로 노래 연습을 하고 있는걸요."

윌리엄은 캐롤라인의 따뜻한 마음 씀씀이가 고마웠다. 그는 반사 망원경의 거울을 연마할 때는 하루 종일 차 한 잔 마실 시간도 없이 일했다. 이러한 윌리엄이 딱해 보였던 캐롤라인이 오빠에게 먹을 것을 조금

씩 떠먹여 주기도 했다.

월리엄은 새 망원경이 완성된 날, 지금까지 본 적이 없는 먼 우주를 향해 망원경의 초점을 맞췄다. 7피트짜리 반사 망원경에는 태양계 바깥쪽에 자리 잡은 항성계가 모습을 드러냈다.

"우주는 얼마나 넓을까? 밤하늘에 떠 있는 별들의 분포를 자세하게 조사하고 정리하는 것도 큰 의미가 있을 것 같은데."

"맞는 말이에요."

그날 이후, 월리엄과 캐롤라인은 밤마다 망원경을 붙잡고 씨름했다.

윌리엄 허셜이 1785년 발견한 원뿔형 성운

망원경으로 하늘에 널려 있는 별의 숫자를 세기 시작했다. 엄청난 작업이었다. 엄두도 내지 못할 만큼 방대한 일이었다.

윌리엄 옆에서는 캐롤라인이 관측된 숫자를 적고 있었다. 캐롤라인의 손에서 필기구가 떠날 날이 없었다. 영하 20도를 오르락내리락하는 추운 겨울 날씨에는 잉크를 체온으로 녹여 가며 관측 기록을 작성했다. 오누이의 작업량은 해를 거듭할수록 쌓여 갔다.

조수인 캐롤라인도 즐거웠다. 그녀는 눈이나 비가 오는 날 밤에는 오빠 곁에서 책을 읽어 주곤 했다. 윌리엄은 피로한 눈을 지그시 감고 캐롤라인의 목소리에 귀를 기울였다. 정다웠다.

캐롤라인은 윌리엄의 조수 역할만 한 것이 아니었다. 1786년부터 혜성 여덟 개를 발견하고 세 개의 성운과 성단을 찾아내기도 하면서 여성 천문학자로서 당당히 명성을 날렸다.

■ 우연한 행운

1781년 3월 13일, 밤이 깊어 가고 있었다. 저녁 식사 후 윌리엄과 캐롤라인은 여느 때와 마찬가지로 밤하늘을 관찰하고 있었다.

윌리엄은 손수 만든 지름 15센티미터의 반사 망원경으로 하늘을 관측하다가 우연히 낯선 천체와 눈이 마주쳤다. 쌍둥이자리 한쪽 구석에 박혀 있는 이 천체는 한 점의 빛이라기보다는 파란빛을 내는 작은 원반 같았다.

"캐롤라인, 저 빛이 보이니?"

"쌍둥이자리 근처에 있는 파란빛……."

"원반 모양이니 항성은 아닐 테고 행성, 위성, 혜성 중 어느 것일지도 모르겠군."

윌리엄의 머릿속에는 다섯 행성의 위치가 환히 떠올랐다. 따라서 위성이 보이는 하늘의 위치도 머릿속에 입력되어 저절로 튀어나왔다. 그러나 새로 만난 이 빛은 기억에는 없는 것이었다.

"이 빛은 태양에서 멀리 떨어져 있어서 꼬리가 나오지 않은 새로운 혜성일지도 모르겠군."

윌리엄은 다급해졌다.

"캐롤라인! 저 빛이 조금씩 움직이고 있어."

"어머나!"

"지금부터 관측해 보자."

캐롤라인은 윌리엄 옆에서 그가 부르는 대로 숫자를 기록했다. 새로 발견한 이상한 빛의 위치를 종이 위에 표시하는 중이었다. 윌리엄과 캐롤라인은 매일 밤 이 빛에 매달려 상세하게 기록해 나갔다. 기록에 따르면, 이상한 빛이 궤적을 그리며 조금씩, 아주 조금씩 움직이며 위치가 매일 변하고 있었다.

"캐롤라인, 저 이상한 빛은 벌레가 기어가는 속도만큼 움직이잖아."

"그렇다면 도대체 무엇일까요?"

두 사람은 본격적으로 이상한 빛을 조사하기 시작했다. 두 달 동안 오누이는 조직적으로 관측했다. 항성이라면 망원경의 배율을 크게 하더라도 겉보기의 크기는 그다지 차이가 없을 텐데, 이상한 빛은 망원경의 배율에 따라 크기가 달라졌다.

윌리엄이 소리쳤다.

"캐롤라인, 분명히 항성은 아니야. 그렇다면 혜성 아닐까?"

윌리엄은 이 빛을 혜성으로 결론짓고 왕립 학회에 보고했다. 그리니치 천문대장인 맥스라인은 그것이 토성 바깥쪽에 있는 행성일지도 모른다고 비공식적으로 시사했다. 이어서 많은 과학자들의 관측과 계산에 의해 이 이상한 빛은 지금까지 발견되지 않은 또 하나의 행성으로 확인되었다.

윌리엄은 11월 보고서에서 이 별을 후원자인 조지 3세를 기념하여 '조지의 별'이라 이름 붙였다.

토성의 저편에서 회전하고 있는 새로운 행성을 발견한 윌리엄은 하루아침에 유명해졌으며, 몇 편의 짧은 천문학 관련 논문도 준비해 놓은 상태였다.

그 이후 용기를 얻은 윌리엄은 반사 망원경을 이용해 우주 공간에 널

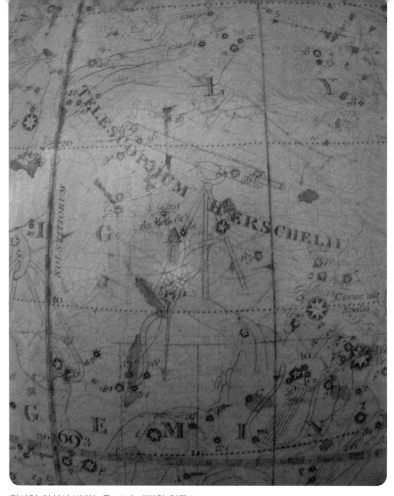

윌리엄 허셜이 밤하늘을 보며 제작한 천문도

려 있는 별의 운동과 분포를 본격적으로 연구했다. 당시로서는 아주 새로운 분야였다. 윌리엄은 눈에 들어오는 하늘을 여러 부분으로 나눠 각부분을 자세히 탐색하고 별의 수와 성질을 기록했다.

대혁신

태양계에서 토성보다 더 멀리 있는 새로운 행성을 찾아냈다는 것은 당시로서는 세상이 뒤집힐 만큼 엄청난 뉴스였다. 윌리엄의 업적은 행성의 수가 다섯이라고 굳게 믿고 있던 시대에 혁명과도 같은 대발견이었다.

뉴턴이 만유인력의 법칙을 발견한 이후 18세기 말까지도 천문학자들은 태양에서 토성까지를 태양계라고 정의했다.

이 발견으로 윌리엄은 코플리 상을 받고 그해에 왕립 학회 회원이 되었다. 1782년에 윌리엄은 왕실 천문학자로 임명되었다. 연봉은 200파운드에 불과한 매우 적은 액수였지만 미련 없이 음악가의 길을 떠나 배고픈 '왕실 천문학자'의 직책을 수락했다. 국왕은 격려금 4,000파운드를 하사했다.

나중에 안 일이지만 '조지의 별'은 100년 전부터 여러 번 관측된 적이 있었다. 그리니치 천문대장 플램스티드 등 선배 천문학자들도 본 적이 있었지만, 맨눈으로는 간신히 보일 정도로 어두웠을 뿐만 아니라 운동 속도가 너무 느려 붙박이별이라고 잘못 알고 지나쳐 버렸던 것이다.

남 말 하기 좋아하는 사람들은 '조지의 별'을 발견한 것이 '우연한 행운'이라고 말했다. 그러나 윌리엄 남매의 피나는 집념과 노력이 가져다준 대가였다. 보일락 말락 한 미세한 움직임을 추적한 윌리엄 남매의 집념에 하늘도 감동한 것이다.

이 행성은 뒷날 독일, 프랑스 등의 천문학자들이 제안하여 '천왕성'으로 개명되었다. 천왕성은 태양에서 평균 약 29억킬로미터 떨어져 있다. 이는 토성까지의 거리의 두 배가 넘었고, 윌리엄은 한꺼번에 태양계의 넓이를 네 배 이상으로 늘려 놓았다.

노총각과 돈 많은 과부

윌리엄은 음악가로서의 직업을 과감히 버리고 오로지 우주의 탐구에 몰두하기 위해 1782년에 제2의 고향인 바스를 떠나 런던으로 이사했다.

윌리엄은 런던으로 진출하기 1년 전에 천왕성을 발견했을 때, 서로 짝을 지어 돌고 있는 269쌍의 쌍둥이별을 발견했다. 그때 독백에 가까운 조용한 탄성을 질렀던 적이 있다.

"쌍둥이별은 태양계와 마찬가지로 항성계에도 중력이 작용하고 있다는 사실을 뜻하는 것이 아닐까?"

윌리엄은 쌍둥이별에 관심을 가지고 밤에는 우주의 쌍둥이를 찾아내는 일에 열중하고 있었다.

한편 본격적으로 런던에 진출한 윌리엄은 날이 갈수록 유명해졌다. 런던의 사교계에서 음악가이자 천문학자인 노총각 윌리엄의 인기는 하늘 높은 줄 모르고 치솟았다.

어느 대연회장이었다. 연회가 시작되기 전부터 노총각 윌리엄에게서 눈을 뗄 줄 모르는 귀부인이 있었다. 긴 옷자락을 끌며 그녀가 윌리엄에게 다가왔다. 그녀의 미모는 윌리엄의 마음을 흔들었다. 그녀가 움직일 때마다 옷깃에서는 은은한 사향이 풍겼다. 이미 노총각의 가슴은 암사슴의 포로가 되어 버렸다.

"윌리엄 선생님, 저는 선생님을 퍽 존경한답니다. 선생님을 저희 집에 초대해 고귀한 학식을 들을 수 있는 영광을 주시지 않겠어요?"

"취미가 참 고상하시군요."

윌리엄은 귀부인의 친절과 고상한 취미에 놀라운 표정을 지었다.

"네, 부인. 언제든지 초대만 해 주시면……."

귀부인은 그 자리에서 초대 날짜를 정했다. 귀부인은 돈 많은 과부였다. 그 후 쉰세 살의 노총각은 그녀와 사랑에 빠졌다. 그리고 몇 달 뒤 두 사람의 결혼식에는 많은 하객들이 참석해 그들의 결혼을 축하해 주었다. 윌리엄은 돈 많은 과부를 아내로 맞이한 덕택에 단번에 벼락부자가 되었다.

월리엄 허셜의 저택

우주 개척자

이제까지 천문학자들은 주로 태양계를 형성하는 행성의 운동과 배치에
만 관심을 가졌을 뿐, 항성은 행성의 운동을 측정하는 데 구면의 지도나
배경 정도로만 취급했다.

더램의 아마추어 천문학자 토머스 라이트는 태양의 주위를 움직이고
있는 행성이 하나의 가족을 이룬다면 공간에 흩어져 있는 항성도 하나
의 대가족 또는 수많은 대가족 집단을 이루고 있을 것이라는 가능성을
1750년에 처음 발표했다.

라이트의 생각은 독일의 철학자인 임마누엘 칸트에게 넘어갔고, 태양

과 같은 별들이 커다란 은하를 이루며 그 은하는 우주의 중심을 돌고 있다는 생각을 낳았다. 그는 혼돈된 물질의 입자가 뭉쳐 천체가 되고 반발력에 의해 천체가 소용돌이 운동을 일으켜 태양계, 항성계, 거대한 우주를 이룬다고 주장했다. 칸트의 상상은 윌리엄의 호기심을 자극했다.

윌리엄은 하늘의 각 부분을 나눠 항성의 수와 밝기를 조사했고 하늘이 대칭적으로 분포되어 있지 않다는 사실을 알아냈다.

윌리엄은 1785년에 「천계의 구조에 대하여」에서 여러 개의 은하를 연구하고 우주의 온갖 층에 있는 별들의 밀도를 측정하여 우리 은하의 현상에 대해 말했다. 이 논문은 영국 왕립 학회 학술지 75호에 발표되었는데, 통계로 항성계의 구조를 연구하는 새로운 방법을 설명했다.

"우주에는 렌즈 모양의 은하들이 수없이 널려 있다."

한편 103번째 번호가 매겨진 메시에의 성운 및 성단 목록은 윌리엄의 반사 망원경을 별들의 집결지인 은하로 향하게 했다. 435쪽짜리 이 목록은 1771년에 세상에 나왔다.

메시에는 파리 과학 아카데미와 경도국 위원을 지냈으며, 드릴이 세운 천문대에서 관측에 종사해 수많은 성운과 성단을 발견했다. 혜성도 잘 발견해 냈다. 그래서 루이 15세는 농담으로 '혜성 냄새를 맡는 사람'이라고 불렀다.

윌리엄도 메시에의 성운을 주시했다. 대개의 성운이 그가 만든 망원경의 위력에 굴복당하고 별들의 무리로 보일 때는 흥분하기도 했다. 머리털자리에 있는 성운을 보며 캐롤라인에게 말했다.

"이것은 내가 하늘에서 본 것 가운데 가장 아름다운 세계야. 그 성단은 단 하나의 빛 덩어리로 보이는데 작은 별들이 촘촘히 박혀 있어."

"이제부터 성운 연구에 집중해 볼까요?"

윌리엄과 캐롤라인은 아직 발견되지 않은 성운이 더 많이 있으리라고 믿었다.

성운 탐사를 시작했다. 1786년부터 1802년까지 약 2,500개의 성운을 발견했다. 그리고 그 성운들의 진화 과정을 네 단계로 나눠 해설하고 스케치했다.

윌리엄은 "항성을 통해 우주의 모든 생성 과정을 실증할 수 있다"고 믿었다.

'하늘의 순찰자' 윌리엄은 하늘의 가장자리에 있는 항성의 빛이 우리가 살고 있는 지구까지 도달하려면 헤아릴 수 없을 만큼 긴 시간이 필요하다는 사실도 깨달았다. 그가 만든 망원경은 우주의 공간뿐만 아니라 시간의 움직임까지 추적하고 있었다.

최대의 망원경

1783년, 윌리엄은 20피트 반사 망원경을 완성했다. 그리고 이 망원경을 통해 많은 업적을 이루었다.

1785년에 윌리엄은 배율을 두 배로 높인 반사 망원경 제작을 꿈꾸고 있었다. 그는 이를 위해 국왕이 내놓은 격려금 4,000파운드를 한 푼도 축내지 않고 간직해 두었다가 대형 반사 망원경 제작에 썼다. 당시 가장 컸던 이 망원경은 4년 뒤인 1789년에 완성되었다.

이 반사 반원경은 구경 49인치, 초점 거리 40피트(약 12미터)에 이르렀다. 이 망원경을 받치기 위해 건물만 한 구조물을 세워야 했다. 한 개의 반사 망원경에 들어가는 거울의 무게가 2,000파운드(약 907킬로그램)를 넘었다.

대형 망원경을 완성한 윌리엄은 윈저 근처에 있는 천문대에서 쉴 틈 없이 일했다. 윌리엄은 연구 결과를 발표하기 위해 왕립 학회에 나갈 때

거대한 반사 망원경

를 제외하고는 천문대를 한시도 비운 적이 없었다. 태양계의 귀중한 관측 자료들이 이 천문대에서 마구 쏟아져 나온 것은 당연한 일이었다. 그는 1787년에 천왕성의 위성인 티타니아와 오베론도 발견했다.

그리고 윌리엄은 하위헌스가 발견한 화성의 극에 자리 잡은 흰 반점이 화성의 사계절에 따라 변한다는 것을 알아내고 화성이 지구와 비슷한 성질과 상태를 가졌다는 것을 증명하려고 심혈을 기울이기도 했다.

월리엄은 태양계의 중심지로 망원경을 옮겨 태양계의 정체를 알아내고 싶었다.

그는 1801년에 왕립 학회에 제출한 「태양의 본성 연구에 도움을 줄 여러 가지 관측」에서 태양계가 통째로 움직이며, 항성의 고유 운동과 연관되어 있다는 것을 증명하는 데 성공했다.

월리엄은 태양이 헤라클레스자리를 향하고 있음을 발견했다. 이에 앞서 1783년에 발표한 「태양 및 태양계의 고유 운동에 대하여」에서 태양계의 앞에 있는 별들이 멀어져 가고 있으며 뒤에 있는 별들은 서로 가까워지는데, 이는 태양도 다른 별을 중심으로 움직이고 있기 때문이라고 언급했다.

대를 이어

월리엄은 성미가 급한 사람이었다. 그의 관측을 비판하는 사람들에게는 조금도 양보하지 않고 매섭게 반론을 퍼붓고 자기 주장을 굽히려 들지 않았다. 그는 1818년까지 매년 한 해도 거르지 않고 논문을 발표하는 등 왕성하게 연구 활동을 해 나갔다.

늦게 장가든 월리엄은 아버지 이작의 영향을 받아 아이들을 무척 사랑했다. 월리엄은 54세 때 장남이자 외아들 존 프레더릭 월리엄 허셜을 얻었다. 가정적인 월리엄은 존이 자신의 뒤를 잇기를 은근히 기대하고 자녀 교육에도 열정을 쏟았다.

존은 아버지의 뜻을 잘 따랐다. 아들은 아버지가 가르치는 것은 물론이고 어떤 때는 아버지의 말문이 막힐 정도로 질문 공세를 퍼붓기도 했다.

그러한 존도 변성기를 넘긴 청년이 다 되었다. 1822년 5월 15일, 이날도 허리가 굽은 두 노인이 연구실에서 논문을 정리하고 있었다. 월리엄은 여든넷, 캐롤라인은 일흔두 살로 두 사람 모두 연로했다.

"캐롤라인, 은하에 대해 기록한 내 논문과 관측 자료들을 꺼내다 주렴."

대답을 마친 캐롤라인이 윌리엄이 부탁한 것들을 챙기러 서재로 간 사이, 노인은 의식을 잃고 의자에서 쓰러졌다. 노인은 열흘이 지나도록 의식을 되찾지 못하고 그가 최근 구경한 은하의 세계로 긴 여행을 떠났다.

▌해방

윌리엄이 죽은 해였다. 봄비가 촉촉히 대지를 적시고 있었다. 이때 로마 교황청에서는 짧은 발표문이 공고되었다. 발표문의 요지는 코페르니쿠스의 태양중심설을 인정한다는 것이었다. 이는 코페르니쿠스 우주론의 위대한 승리를 뜻했다.

얼마 전 죽은 윌리엄을 비롯해 뉴턴, 갈릴레이, 케플러, 코페르니쿠스, 아리스타르코스, 히파르코스 등 태양중심설 옹호자들이 무덤에서 천문학의 해방을 맞이하고 있었다.

갈릴레이의 『두 주된 세계 체계에 관한 대화』가 1616년에 종교 재판을 받은 이후 코페르니쿠스의 저작들은 그때까지도 줄곧 교회의 금서 목록 1순위에 올라 있었다. 그리고 누구도 코페르니쿠스설을 옹호해서는 안 된다는 엄격한 단서가 붙어 있었다.

로마 교황청은 이 법령을 공포한 지 160년 만에야 공식적으로 폐기했다. 그때에는 이미 그런 법령이 있었는지조차 까마득하게 잊혀진 때였다.

한 세기 전까지만 해도 수많은 과학자들이 이 법령 때문에 목숨을 내놓아야 했고 수많은 사람들이 박해를 받았다. 브루노의 화형식은 영원히 지울 수 없는 교회사의 큰 오점이었다. 한편 18세기 중엽 프랑스의 천문학자 랄랑드가 코페르니쿠스의 저서 『천체의 회전에 대하여』를 금서 목록에서 빼려고 애썼을 때만 해도 허사로 끝나고 말았다.

그러나 교회가 인간 정신에 가한 박해는 교회의 패배로 끝이 났다. 아리스토텔레스의 오판에 따라 억울한 누명을 쓰고 2,000년이 넘는 세월 동안 박해받은 태양중심설의 위대한 승리였다.

태양중심설의 해방을 맞이한 윌리엄의 큰아들이자 계승자 존은 윌리엄이 못다 이루고 간 쌍둥이별과 성운, 성단의 관측과 연구를 계속했다. 그는 자비를 들여 남반구 하늘을 관측하러 떠나기도 했다.

존은 1838년 말에 영국을 출발해 다음 해 1월에 희망봉에 도착했다.

그해 3월 4일 밤부터 규칙적으로 관측을 시작해 남반구 하늘의 별을 수색하는 작업을 펼쳤는데, 성운 등을 집중적으로 파고들었다. 존은 이전에 남반구 하늘을 관측한 핼리와 라카유에 이어 세 번째로 남반구 관측 전문가가 되었다. 그 뒤 존은 천문학자로 대성해 허셜가의 명예를 계승했다.

존은 희망봉에서 귀국한 후 또 다른 선배 천문학자를 잃었다. 아버지 때부터 천문학 연구의 동반자였던 고모 캐롤라인이 아흔여덟 살을 일기로 세상을 떠난 것이다. 고모까지 잃은 존의 마음은 외롭기 이를 데 없었다. 존은 고모와 아버지가 함께 관측해 놓은 2,500개 성운의 목록표를 정리하여 완성했다.

1864년에는 아버지와 고모를 기리기 위해 「성운 및 성단의 목록」을 간행했는데, 여기에 5,079번까지 기록했다.

존은 화학에서도 많은 공적을 남겼다. 1819년에 은염이 티오황산나트륨에 용해되는 것을 발견하고 사진 정착액 연구의 계기를 마련하는 데 이바지했다.

개혁의 물결

윌리엄 허셜이 천왕성을 발견한 이후 천문학계에 일대 개혁이 일기 시작했다. 40여 년 동안 천왕성의 관측치가 정리되고 이 행성의 운행표가 만들어졌을 때에는 천문학계가 시끄러웠다.

부바르가 천왕성을 정밀하게 관측해 궤도를 결정했는데, 세월이 흐르면서 천왕성의 궤도가 예측대로 맞아떨어지지 않았다. 과학자들은 천왕성의 바깥쪽에 미지의 행성이 또 하나 있어서 그 인력 때문에 천왕성의 궤도가 예측치와 맞아떨어지지 않는다고 생각하기 시작했다. 1843년, 유럽의 대학 게시판에는 천왕성의 불가사의한 운동을 해명하는 사람에게 거액의 상금을 지불하겠다는 공문이 나붙기도 했다.

프랑스 노르망디 지방 출신으로 학생 시절부터 뛰어난 재주를 지닌 에콜 폴리테크니크 천문학 교수 르베리에가 파리 천문대장 아라고의 권유를 받아 갈팡질팡하는 천왕성 궤도를 놓고 씨름하고 있었다. 스물여섯 살의 르베리에는 천체 역학의 시조 라플라스와 같은 고향 출신이었다.

르베리에는 2년여 동안 갖가지 시도를 거듭한 뒤 미지의 행성 궤도를 산출하고, 이를 바탕으로 1847년의 위치를 계산했다. 그리고 베를린 천문대의 갈레에게도 예상 위치에서 미지의 행성을 찾아보라고 일렀다.

갈레는 르베리에의 편지를 받은 그날 밤 새로 작성된 성도와 비교하며 물병자리 근처에서 새로운 빛을 발견했다. 1846년 9월 23일 밤이었다. 이 빛이 조금씩 자리를 이동하는 것도 관측하고는 이 미지의 빛을 발표했다. 이것이 바로 해왕성이다.

그런데 영국에서는 이보다 2년 전에 수학 실력이 뛰어난 존 카우치 애덤스가 이를 연구해 1845년 10월에 그리니치 천문대에 정밀 관측을 의뢰했다. 그는 천왕성을 비틀거리게 만든 미지의 행성의 질량과 위치를

윌리엄 허셜이 사용했던 천체 망원경. 허셜은 이 망원경과 비슷한 망원경으로 천왕성을 발견했다.

계산한 값을 동봉한 편지를 그리니치 천문대장 앞으로 보냈다.

그러나 그리니치 천문대장인 알리는 이 미지의 행성 관측에 취미가 없어서 애덤스의 보고서를 책상 서랍 속에 구겨 넣었다. 불행하게도 애덤스의 계산 실력은 빛을 보지 못했다. 그것은 르베리에와 똑같은 위치였다.

그 뒤 영국과 프랑스와 독일의 천문학자들 사이에 해왕성 발견의 선취권 다툼이 일어나기도 했다. 그러나 해왕성 발견의 영예는 실지로 관측한 갈레, 이를 예보한 르베리에와 애덤스 세 사람에게 골고루 돌아갔다.

해왕성은 뉴턴에서 출발해 라플라스에 의해 완성된 만유인력의 법칙이 우주 저편에서도 통용된다는 사실을 확인시켜 주었다. 또 하나의 위대한 승리였다. 태양에서 45억 킬로미터 떨어진 해왕성의 발견은 종이와 펜이 이룩한 대발견이었다.

그러나 해왕성이 발견된 뒤에도 이상한 일은 멈추지 않았다. 천왕성의 발걸음이 해왕성의 간섭 이상으로 비틀거렸다. 과학자들의 관심은 또다시 해왕성 너머로 줄달음질치기 시작했고, 우주를 향해 빠르게 질주했다.

윌리엄 프레더릭 허셜

인터뷰

1781년 3월 13일, 독일 출신의 영국 왕실 천문학자 윌리엄 프레더릭 허셜은 고대 이래로 신성한 것으로 여겨지던 태양, 달, 수성, 금성, 화성, 목성, 토성 등 일곱 개의 행성 외에도 토성의 바깥쪽을 운행하는 새로운 행성, 즉 천왕성을 추가하여 우주의 영토를 확장시킨 장본인이다. 그는 이 별의 이름을 후원자인 조지 3세를 기념하여 '조지의 별'이라고 명명하였다. 영국 국왕은 이 일로 4,000파운드의 격려금을 하사했고, 그는 1789년에 이 자금으로 천체를 연구하기에 알맞은 망원경을 제작했다.

천왕성의 위성을 추가로 발견하고, 화성의 극에 위치한 흰 반점이 사계절에 따라 변한다는 것 등을 찾아냈다.

음악가에서 왕실 천문학자로 변신한 그는 항성 천문학의 개척자이기도 하다.

윌리엄 허셜은 은하가 몇백만 개의 태양으로 이루어진 렌즈형의 별의 무리이며, 태양계는 은하의 가운데에 위치한다고 주장했다. 수천 개의 성운을 발견하고, 그것들이 새로운 항성 우주계를 만들어 내는 원시 물질이라고 밝혔다. 또한 별들의 분포도를 지도로 작성하기도 했는데, 이 지도에는 평면의 모든 방향에서 비슷한 수의 별들을 볼 수 있도록 늘어놓았다.

윌리엄 허셜의 뒤에는 묵묵히 그를 도운 여동생 캐롤라인이 있어 주위의 부러움을 받고 있다. 그녀는 충실한 조수로서 허셜의 이름을 드날리는 데 크게 기여했다. 최초의 여성 천문학자란 호칭이 그녀에게 주어지기도 했다. 윌리엄 허셜은 많은 천문학 업적을 인정받아 공작의 작위를 받았다.

"토성 고리 발견 순간 아직도 잊을 수 없어"

▲ 음악을 그만두고 천문학을 연구하게 된 동기는?

– 영국으로 건너가 바스의 오르간 반주자로 일할 때 음악 이론에 밝은 로버트 스미스의 저서를 자주 읽었는데, 그가 광학에 관한 책도 출판했다는 데 자극을 받아 음악에만 몰두할 것이 아니라 학문을 두루 접해야 된다고 생각하게 되었다. 그런데 오르간 연주 수입으로는 망원경을 구입할 엄두도 낼 수 없어서 온갖 어려움을 겪었다. 마침내 37세 때 5.5피트짜리 반사 망원경을 완성하여 그것으로 토성의 고리를 보게 되면서 본격적으로 천문학에 뛰어들었다.

▲ 토성의 고리를 본 당시의 기분은?

– 너무나 황홀했다. 그래서 매일 밤마다 캐롤라인과 함께 망원경에 매달렸다. 그리고 더욱 성능이 좋은 망원경을 만드는 데 열중했다.

▲ 천왕성 발견으로 코플리 상을 받고, 그해 12월에는 왕립 학회 회원이 되는 영광을 얻었는데……

– 운이 좋았다고나 할까. 뭐니 뭐니 해도 토성의 위성을 발견하는 데 일등 공신은 망원경이 아닐까?

쌍둥이자리

2월 하순부터 4월까지 지구의 천정을 치장하는 쌍둥이자리는 천왕성과 명왕성이 발견된 우주의 명소이다. 다정한 두 형제의 모습을 담은 쌍둥이자리를 찾으려면 오리온의 안내를 받으면 수월하다. 오리온자리의 1등성 리겔과 베텔기우스를 잇는 선에서 두 배가량 앞으로 나아가면 형 카스토르와 동생 폴룩스의 영접을 받는다.

천왕성

하늘의 신 우라노스의 행성인 천왕성은 태양계에서 서열이 일곱 번째이다. 200년이라는 미천한 발견 역사를 지닌 이 행성은 지름이 약 5만 킬로미터 정도 되며, 태양에서 약 29억 킬로미터 떨어져 있다. 우주에서 푸른빛을 띠는 천왕성과 조우하려면 태양에서 토성까지 간 거리만큼 더 나아가면 된다. 천왕성은 토성이나 목성처럼 거대한 가스로 이루어져 있다.

헤라클레스자리

8월 초 초저녁 무렵, 남쪽 하늘 꼭대기에 보이는 찌그러진 H자 형의 별자리이다. 그리스 신화에서 가장 힘센 헤라클레스의 모습을 나타낸 것이다. 서양은 물론 동양에서조차 이 별자리를 중요시해. '황제 별'이라고 불렀다. 점성술의 단골 별자리이다.

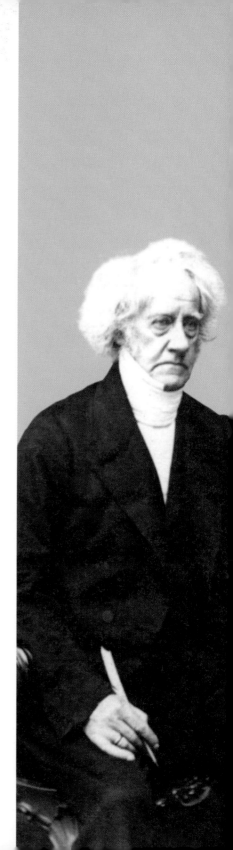

허셜 씨에게

허셜 씨, 교회가 갈릴레이에게 진 빚이 참 많지 않을까요?

1600년대의 가톨릭 당국자들이 천문학적인 사실을 종교적인 문제로 끌어들인 것은 잘못이라고 시인했으면 합니다. "이러한 실수는 다시는 있어선 안 된다"는 이야기가 있어야 하는 거 아니에요?

갈릴레이의 종교 재판은 우리 시대에 이르러서도 여전히 반향을 불러일으키고 있습니다. 과학을 보호하려는 몇몇 사람들은 여전히 가톨릭이 그에게 유죄를 선고한 것은 큰 잘못이었다고 비난합니다. 교회 입장에서는 아주 옛날에 저지른 잘못 때문에 부당하게 짐을 지고 있는 셈입니다.

언젠가 그 사건을 조사하여 명백하게 매듭짓는 일이 생기겠지요? 과학과 종교는 둘 다 진리이며 절대 서로 어긋나지 않는다는 갈릴레이의 견해에 이제 가톨릭교회도 동의한다는 솔직한 고백성사가 필요합니다.

시간이 흐르면서 교회도 점진적으로 변했지만, 갈릴레이의 『두 주된 세계 체계에 관한 대화』는 출판이 금지된 지 111년이 지난 후에야 출판할 수 있었습니다. 그렇지만 머리말에서 지구가 움직인다는 사실은 가설로서만 다뤄야 한다고 강조한 것은 잘못을 깨끗이 승복하지 않았다고 봅니다. 1820년대에는 교회는 지구가 움직인다는 사실을 다룬 책들을 출판하도록 허락했고, 1835년에는 처음으로 금서 목록에서 코페르니쿠스, 케플러, 갈릴레이의 책들을 뺐습니다.

> 66
>
> 화성의 운하 망을 건설한 사람들이
> 바로 화성에 사는 외계인이다.
> 화성인은 지구인보다 역사가 오래되었다.
> 지능도 더 뛰어나다고 볼 수 있다.
>
> 99

who?

1855~1916

미국의 천문학자. 로웰 천문대를 설립하고 화성 '운하'를 연구했다.
천왕성의 불규칙한 운동이
해왕성 외의 다른 행성 때문임을 예견했다.
그 뒤 그의 예견대로 명왕성을 발견했다.

퍼시벌 로웰 Percival Lowell

평생 동안 행성을 탐구한
우주 개척의 선구자

미국 애리조나에 있는 로웰 박물관

보스턴 명문가

1855년 3월 13일, 미국 보스턴 중심지에 있는 웅장한 로웰가에서는 하인들이 부산하게 움직이고 있었다. 이날 로웰가의 대를 이을 장손 퍼시벌 로웰이 태어났다. 경사스러운 날이었다.

　로웰가라면 보스턴에서 으뜸가는 명문으로, 보스턴 제일의 갑부인 존 애모리 로웰이 퍼시벌의 할아버지이다. 존은 면직물 가공 회사를 운영하며 유럽 등과 무역하여 돈을 쓸어 모은 백만장자였다. 단단한 체구의 그는 완고한 성격이었으나 사교성이 뛰어났다.

310

화성에 푹 빠진 사람

로웰은 할아버지를 따라 세계 여러 나라를 여행하였다. 그리고 미국의 명문 하버드대에 입학해 1876년에는 수석으로 졸업했다.

그러나 그는 전공을 살릴 기회도 없이 할아버지의 뜻에 따라 로웰 재단의 관리 이사직과 면직물 가공 회사 전무로 취임했다.

회사 생활을 한 지 6년이 다 될 즈음, 회사에서 돌아온 로웰의 마음 한 구석에서는 회의가 일었다. 젊은 나이에 사무실에 눌러앉아 있는 자신의 모습이 한심스러웠다.

"지금까지의 삶은 내 의지로 산 게 아니야. 좀 더 나이 들기 전에 넓은 세계로 나가 보자."

로웰은 이러한 결심을 전하기 위해 할아버지 존을 만났다. 존이 잠자리에 들기 전이었다. 깊은 밤 두 사람 사이에 한참 동안 침묵이 흘렀다. 손자의 얼굴을 훑어본 존이 먼저 말을 꺼냈다.

"구체적인 여행 계획을 얘기해 보아라."

"동양의 신비를 체험해 보고 싶습니다."

"그렇다면 할 수 없지. 일본에 가거라. 며칠 뒤 내가 외무장관을 만나서 의논해 보겠다."

로웰은 완고한 존의 승낙을 얻고는 뛸 듯이 기뻤다. 백만장자의 손자에겐 돈은 걱정거리가 아니었다. 동양의 신비에 젖어 보고 싶었다. 그는 언어와 풍습을 배우기 위해 당장 사업에서 손을 떼고 일본으로 직행했다. 그리고 일본으로 건너가 10년 동안 머물면서 주일 외교 대표부에서 일했다.

고요한 아침의 나라

1883년 8월, 그는 조·미 수교 조약이 성립됨에 따라 미국에 처음으로 파견되는 조선의 수교 사절단을 일본에서 만나 함께 미국으로 건너갔다. 무사히 임무를 마친 일행이 다시 귀국할 때도 미국에서 일본까지 인도하는 임무를 성실하게 수행했다. 그 대가로 그는 고종 황제에게 초청을 받아 조선을 방문하기도 했다.

때는 1883년 12월 중순경이었다. 로웰은 배를 타고 태평양을 건너 일본의 요코하마 항구에 도착했다. 잠깐 여독을 풀고 다시 항해를 시작했다.

로웰 일행을 실은 배는 조선의 남단인 부산을 지나 적막한 해안선을 따라가고 있었다. 배는 유럽식 복장을 한 일본인 선장이 운항했다. 이때 유일한 등대는 바다에 펼쳐진 섬들이었다. 섬들은 수평선 위에 점점이 떠 있었다. 부산을 떠난 지 이틀째인데도 제물포를 향한 여정은 쉬이 끝나지 않았다.

그들 일행이 제물포에 도착했을 때 그들 주위에 사람들이 몰려들었다. 외계인이라도 본 듯이 그들을 쳐다보며 수군거렸다.

제물포의 하늘은 우중충한 회색 구름으로 뒤덮였다. 추운 날씨에 간간이 눈까지 내리는 삭막한 계절이었다.

서양인의 파란 눈에 비친 제물포는 서구의 신흥 촌락과 비슷했다. 오두막집 사이로 소규모의 일본인 거류지와 유럽인들의 세관이 보였다. 그럴듯한 것은 일본 영사관뿐이었다.

한양까지 44킬로미터 떨어진 제물포에는 한양과 통하는 주요한 통로가 하나 있었다. 한양으로 이어지는 생긴 지 얼마 안 된 넓은 통행로에는 말, 가마, 보행자, 짐을 실은 황소가 지나가고 있었다. 평민은 걸어서, 관리는 조랑말이나 가마를 타고 다녔다.

조선은 동화 속의 궁전처럼 몇 세기 전의 비밀을 고이 간직하고 있는 듯했다. 아무런 변화도 없이 시간은 정지해 있었다.

이튿날 일어난 로웰 일행은 '고요한 아침의 나라'를 구경하기 위해 맑고 푸른 겨울의 아침 속으로 걸어 나갔다. 말 그대로 '조선(朝鮮)'이라는 이름이 어울리는 곳에서 한적하게 여행을 즐기고 있었다.

가파른 길을 벗어나 빽빽이 들어선 집과 구름 같은 인파를 뚫고 길 모퉁이를 돌아섰을 때 거대한 성벽에 둘러싸인 한양이 로웰의 두 눈을 자극했다. 마술사가 빚어 놓은 듯 우뚝 선 '숭례문'은 거듭 감탄스러웠다. 그가 어릴 적에 꿈꾼, 공주가 누군가의 도움을 받아 벽을 넘어 탈출하던 바로 그 장소 같았고 한탕을 노리는 도둑의 무리가 지난밤에 몰래 회합을 갖던 은밀한 곳이라는 착각에 빠졌다.

가마와 짐 나르는 소들이 오가는 남대문을 거쳐 한양의 한복판에 들어섰을 때, 서두르는 기색이라곤 누구에게서도 찾아볼 수가 없었다. 흰 도포를

걸치고 삿갓을 쓴 한양 사람들의 행동은 느리고 위엄까지 서려 있었다.

그의 일행은 한양에서 고종을 알현하기 위해 기다리고 있었다. 드디어 알현 시간이 다가왔다. 사교계에 처음 등장하는 아가씨마냥 가슴이 두근거렸다. 가마에 몸을 싣고 경복궁으로 달려갔다.

로웰 일행이 경복궁에 도착하자 한참 뒤 허리를 반쯤 구부린 내시가 얼굴을 빠끔히 내밀고 안내원에게 무슨 말인가 중얼거렸다.

홍영식, 미국 영사, 로웰 순으로 왕의 집무실로 향했다.

높은 의자에 앉아 있는 고종의 위용 아래 얼굴이 땅에 닿을 만큼 엎드려 세 번 절하고 멀찍이 떨어진 탁자 쪽으로 가 겨우 앉았다. 나이 어린 왕세자도 알현할 수 있었다.

경복궁에서 돌아온 로웰은 고종의 미소와 따스한 눈길을 잊을 수가 없었다. 알아듣진 못해도 고종의 따뜻하고도 정겨운 음성이 귓전을 맴돌았다. 그는 통역관의 말에 귀를 기울였다.

"로웰, 이 겨울이나 지내고 가시오."

이때 통역관이 옆구리를 쿡쿡 찌르며 빨리 대답하라고 재촉했다. 로웰은 잠시 더듬거렸다.

1883년 로웰(뒷줄 가운데)은 경복궁을 찾아 고종의 환대를 받았다. 사진은 조선 관리들과 함께한 로웰

"네네, 국왕 전하의 성은은 잊지 않겠습니다."

로웰은 한양에서 국빈 대우를 받으며 그해 겨울을 따뜻하게 지냈다. 그리고 이듬해 봄, '조용한 아침의 나라'를 떠났다.

그는 조선 말기의 정치, 경제, 사회, 지리 등 각종 풍속이 흥미로웠다. 그래서 예리한 관찰력과 수준 높은 어휘력을 바탕으로 조선 기행문을 펴냈다. 조선과 일본 등 동양에서 지낸 10년 동안의 생활을 네 권의 책으로 출판하기도 했다.

로웰은 동양에 있는 동안에도 지름 15센티미터짜리 망원경은 꼭 가지고 다녔다. 여행지에서도 밤마다 하늘을 관측했다. 동양 사람들이 망원경을 보고 신기해할 때는 자세하게 설명해 주기도 했다.

"이봐요, 이 이상한 물건은 어디에 사용하나요?"

"이 기구는 하늘을 관찰하는 것입니다. 사람들의 눈에는 안 보이는 세계까지 볼 수 있는 마술을 부리지요."

로웰의 휴대용 망원경으로 하늘을 본 사람은 밤마다 그의 숙소를 찾았다. 이렇게 해서 사귄 동양의 친구들과 매일 밤 함께 망원경을 들여다보았다. 그러면서 그는 동양인의 정서를 더 많이 이해할 수 있게 되었다.

화성에 매료되다

어릴 적, 소년 로웰은 천문학에 특히 관심이 많았다. 용돈의 대부분을 별에 관한 책을 사는 데 썼다. 열한 살 때 로웰은 할아버지를 졸라 지름 6센티미터짜리 망원경을 장만했다.

로웰은 하버드 대학생 시절에도 세계 천문학 연구의 동향을 살피는 일에 열중했다.

1877년에 이탈리아의 밀라노 천문대장 스키아파렐리가 화성이 지구에 가장 근접했을 때 그 표면을 관측한 결과를 발표했다. 스키아파렐리는 화성 표면에서 이상한 모양을 발견했다고 주장했다.

스키아파렐리는 그 모양을 이탈리아어로 카날리(canali)라고 불렀는데, 이것을 영어로 운하(canal)라고 잘못 번역해 알려진 것이 커다란 물의를 빚었다.

그 당시 지구상에 선보인 작은 망원경으로 화성의 운하를 보았다면 폭이 수백 킬로미터, 길이 수천 킬로미터는 되어야 했다.

지구상에서 가장 큰 수에즈 운하의 폭이 160~200미터, 길이가 162킬로미터 정도였다. 화성에 수에즈 운하의 10배가 넘는 운하가 있다는 것은 엄청난 뉴스거리였다. 그것이 사실이라면 그만한 운하를 건설할 수 있는 화성인은 지구의 문명을 훨씬 능가할 것이었다.

1894년에 화성이 가장 근접했을 때는 스키아파렐리가 늙어서 제대로 관측을 할 수 없다는 소식이 들려왔다. 로웰은 스키아파렐리의 소원을 이루고 싶었다.

"스키아파렐리 대장이 할 수 없던 일을 내가 해 보자."

로웰은 다짐하듯이 입을 굳게 다물었다.

로웰은 세계 최고의 개인 천문대를 설립하기로 결심했다. 관측 조건이 가장 좋은 곳에 세계 최대의 망원경을 갖춘 개인 천문대를 세우고 싶었다. 1894년 봄에는 하버드 대학을 금방 졸업한 젊은 앤드류 더글러스를 연구원으로 채용했다. 그리고 그를 직접 불러 지시했다.

"더글러스, 책임지고 천문대를 설립할 만한 장소를 물색해 보게."

"네, 알겠습니다."

"천문대 부지를 지정하기 전에 반드시 기상 조건을 살펴보아야 해. 기상은 천체 관측의 첫째 조건이야."

로웰은 망원경 제작소를 알아보려 동분서주했다.

개인 천문대

이때였다. 애리조나 주의 인구가 몇천 명도 안 되는 플래그스태프라는 작은 도시의 상업 협회에서 이 소식을 듣고 보스턴에 있는 로웰에게 천문대가 들어서기에 적합한 곳인지 조사해 줄 것을 요청하는 전보를 보냈다. 그는 더글러스를 그곳으로 파견했다.

플래그스태프 역에 내린 더글러스는 두 눈이 휘둥그레졌다. 역 앞에는 악대가 대기하고 있다가 더글러스가 기차에서 내리자마자 개선 행진곡을 연주했다. 플래그스태프 상업 협회 회장이 직접 나와 더글러스를 맞이했다. 그리고 그곳에서 첫손가락에 꼽히는 뱅크 호텔로 안내했다. 여기에서 밤새 초호화판 주연이 베풀어졌다.

이제 스물을 갓 넘긴 더글러스는 도수 높은 술이 몇 순배 돌자 입 안이 얼얼했다. 혀 꼬부라진 소리가 새어 나왔다.

"상업 협회 회장님과 이 자리에 참석한 여러분의 성대한 환영에 무엇으로 보답해야 할까요?"

"더글러스 박사님, 저희는 플래그스태프에 미국 최고의 천문대를 설

치하는 것으로 만족합니다."

플래그스태프 상업 협회 회장이 더슬러스에게 아첨했다. 애송이 더글러스는 얼토당토않은 박사 호칭에 그만 귀가 솔깃했다.

"좋아."

실언을 하고 말았다. 즉석에서 "가장 훌륭한 천문대 발견"이라고 로웰에게 전보를 쳤다. 그리고 매일 밤 열리는 파티에 참석하기에 바빴다. 만취한 더글러스는 이 지방의 기후 조건과 지형 등은 조사할 생각도 하지 않았다.

더글러스의 전보를 받아 본 로웰은 서둘러 세계 최고의 굴절 망원경 렌즈 제작 기술을 가진 앨번 클라크에게 지름 60센티미터짜리 굴절 망

로웰이 우주를 관찰했던 천문대

원경 제작을 의뢰했다. 이때 "가능한 한 이 세상에서 광학적으로 가장 우수한 제품"이란 조건을 붙여 발주했다. 그리고 6개월 내에 완성해 달라고 주문했다.

　대형 망원경은 하루 이틀 사이에 만들어질 수 있는 것이 아니었다. 클라크는 로웰의 독촉이 마음에 들지 않았다.

　"로웰, 망원경 렌즈를 깎을 수 있는 시간을 두고 주문해야지요."

　"클라크, 나의 망원경으로 화성의 대접근을 구경하고 싶어서 그렇습니다. 그렇다면 다른 도리가 없을까요?"

　"마침 펜실베이니아 대학의 플라워 천문대에 납품할 45센티미터 굴절 망원경이 완성되어 있어요. 그것을 이용해 보세요."

관측 시일이 급한 로웰은 클라크의 주선에 따라 플라워 천문대의 망원경을 빌려 1894년에 화성 관측을 시도했다. 그리고 그때의 관측 결과를 모아 1년 뒤 『화성』을 출간했다. 그가 주문한 60센티미터 굴절 망원경은 1896년에 완성되었다.

행성 X를 찾아

학창 시절, 수학 실력이 뛰어났던 로웰은 당시 태양계의 가장 외곽 부대에 속한 천왕성과 해왕성의 궤도에 의문을 품었다. 해왕성의 궤도를 감안해 보더라도 천왕성의 비틀거림이 예사롭지 않았던 것이다. 로웰은 미지의 아홉 번째 행성이 있을지도 모른다고 생각했다.

"아마도 해왕성 바깥에 궤도를 도는 또 하나의 행성이 있어서 영향을 받는 지도 몰라."

로웰은 미지의 행성이 존재한다는 확신을 갖고 우수한 연구원 다섯 명을 선발하여 미지의 행성 X를 본격적으로 탐사했다. 1902년이었다.

로웰 대장을 필두로 한 미지의 행성 탐사 팀은 매일 밤 우주 사냥을 계속했다. 그러나 번번히 허사였다. 여기에는 젊은 연구원인 톰보도 끼어 있었다.

한편 로웰은 화성에 대해서도 관심을 버리지 않았다. 화성 관측 시리즈 두 번째 작품 『태양계』, 세 번째 작품 『세계의 진화』 등을 1909년부터 연이어 발표했다. 그러나 로웰은 끝내 미지의 행성 X를 찾지 못하고 1916년에 예순한 살의 아까운 나이로 생애를 마감했다. 그는 운명할 때 은행가인 동생에게 간곡히 유언을 남겼다.

"나의 모든 재산으로 재단을 설립하고 이를 운영해서 나오는 수익금은 천문학 연구에만 사용하도록 해라. 그리고 아홉 번째 행성 탐색에 특

미국 애리조나에 있는 로웰의 묘지. 그의 업적을 기려 천문대 모양으로 묘지를 만들었다.

히 몰두하도록 아낌없이 지원해 주어라……."

"명심하겠습니다."

20세기 우주 개척의 선구자는 다시 돌아오지 못할 먼 길을 떠났다.

청출어람

플래그스태프에 위치한 로웰 천문대 연구 팀은 로웰이 죽고 난 뒤에도 행성 X를 찾는 일을 꾸준히 진행했다. 로웰의 동생은 형의 유언대로 미지의 행성 탐사에 재정 지원을 아끼지 않았다.

특히 톰보는 로웰이 생전에 못다 이룬 꿈을 실현하기 위해 밤마다 사진 관측에 몰두했다.

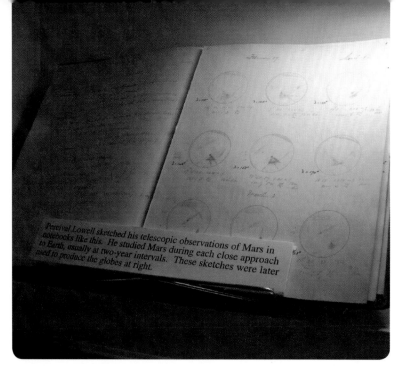

Perceival Lowell sketched his telescopic observations of Mars in notebooks like this. He studied Mars during each close approach to Earth, usually at two-year intervals. These sketches were later used to produce the globes at right.

로웰이 생전에 관찰해 기록한 화성의 연구 자료

　톰보는 로웰 대장이 미지의 행성 X의 밝기가 12~13등급일 것이라고 예언했던 것을 잊지 않았다. 밤하늘에는 13등급 이상의 밝은 별의 숫자가 370만 개나 되기 때문에 그 속에서 한 개의 천체를 찾아낸다는 것은 너무나 어려운 작업이었다.

　이때 톰보는 하늘 사진을 넓게 찍어 자세히 대조하는 기법을 이용했다. 이때 블링크 콘퍼레이터란 특수 장치를 사용했는데, 빛의 깜박거림을 비교해 이상한 빛을 발견하는 기구였다. 이 기구는 하늘의 일정한 구역에서 같은 별들을 여러 차례 찍은 사진들을 비교해 수상한 빛을 골라내는 것이었다. 이때 항성은 움직이지 않고 움직이는 행성만 깜박이게 했다.

　톰보는 1930년 1월에 예보 위치에서 6도가량 떨어진 쌍둥이자리에서 이상한 빛을 발견했다. 수많은 밤을 지새운 끝에 미지의 행성 X를 찾아내는 데 성공한 것이다.

이러한 사실은 1930년 3월 13일, 로웰의 생일이자 천왕성을 발견한 날에 세상에 공표되었다. 이 발표는 국제적으로 인정되었고 미지의 아홉 번째 행성은 '플루토(명왕성)'라고 불렀다. '플루토'는 명계를 주름잡는 '저승의 왕'이다.

"거참 좋은 이름인데."

톰보는 고인이 된 로웰을 생각하고 있었다.

윌슨 산 천문대와 로웰 천문대에서 촬영한 사진 원판을 하나하나 조사해 본 결과, 1915년의 원판에도 명왕성이 박혀 있었다는 사실을 뒤늦게 알게 되었다.

명왕성은 공전 궤도의 이심률이 행성 중에서 가장 크고, 궤도의 일부분은 해왕성 궤도의 안쪽으로 들어갈 때도 있다.

태양계의 변방에 자리 잡은 명왕성은 해왕성의 달이란 설까지도 있었는데, 태양으로터 평균 59억 킬로미터 떨어져 있다.

천왕성, 해왕성, 명왕성 등 세 행성의 발견은 그 시대 천문학의 수준을 그대로 말해 준다. 천왕성은 음악가 출신의 아마추어 천문학자에 의해, 해왕성은 계산 실력이 뛰어난 수학자에 의해, 명왕성은 사진의 힘을 빌려 세상에 알려지게 되었다.

우주 개척자들은 다시 열 번째 미지의 행성 X-2를 찾는 일에 몰두하고 있다.

우주 개척의 왕국

천문학의 발전과 망원경의 진보는 따로 떼어 놓을 수 없는 관계다. 이제는 사진도 그러하다. 19세기까지 유럽 천문학자들이 우주 개척에서 주도권을 잡은 것도 최고 품질을 자랑하는 최첨단 망원경이 유럽에만 있었기에 가능한 일이었다.

천문학에서 사진의 효용을 인정하고 관측에 사용하기 시작한 것은 미국의 천문학자들이었다. 최초의 천체 사진은 1840년 3월 23일, 미국의 드래퍼가 촬영한 달 사진이다. 그보다 10년 뒤 1850년에 폰드가 찍은 달 사진은 이듬해 런던에서 열린 제1회 만국박람회에서 인기를 끌었다. 그 이후 유럽의 천문학자들도 천체 사진을 연구하는 풍토가 생겼다.

그 후 감광 재료가 개발되면서 천체 사진 기술도 크게 발전했다. 이에 따라 어두운 천체가 사진에 등장하게 되었다. 망원경으로 들여다보는 것만으로는 얻지 못했던 우주의 숨겨진 비밀들이 속속들이 밝혀졌다.

1850년에는 최초의 항성 사진을, 1857년에는 쌍둥이별을, 1881년에는 성운을 촬영했고, 1885년에는 드디어 안드로메다자리 대성운의 소용돌이형 사진을 얻어냈다. 세계 제일을 자랑하던 로스의 대형 반사 망원경으로도 볼 수 없던 것들이었다.

천체 사진은 천문 관측에 대개혁의 바람을 몰고 와, 천체의 위치를 정밀하게 관측할 수 있는 길을 터놓았다. 그리고 천문학자들이 망원경 앞에 달라붙어 있어야 하는 고생을 덜어 주었다. 천체의 밝기 또한 사진 원판으로 비교할 수 있게 되었다. 천체의 스펙트럼 사진을 연구함으로써 천체의 물리 성질과 화학적인 구성뿐 아니라 우주 전체의 구조까지도 들여다볼 수 있게 되었다.

천체 사진 기술이 가장 발달한 나라는 미국이었다. 또한 재력이 풍부해진 미국 천문학자들이 세계 최대의 망원경을 만들면서 세계의 천문학 왕자의 자리를 서서히 굳히기 시작했다.

그 당시 세계 최대의 망원경 제작자는 미국의 앨번 클라크였다. 클라크는 1860년에 세계 제일의 지름 47센티미터짜리 망원경 제작에 착수했는데, 렌즈를 깎는 데만 12년이 걸렸다. 이 렌즈를 임시로 통에 장착해

시리우스를 관측하는 데 성공했다. 얼마 뒤 시리우스 옆에 있는 또 다른 한 점의 별까지 발견해 자작 망원경의 우수성을 과시했다.

그리고 1872년에는 지름 66센티미터짜리 해군 천문대 망원경을 제작했다. 해군 천문대 망원경은 홀이 화성에서 두 개의 위성을 발견하는 데 크게 기여했다. 이 발견을 계기로 세계의 눈은 당연히 미국으로 쏠리게 되었다.

클라크는 백만장자인 릭의 지원을 받아 지름 91센티미터짜리 망원경을 완성했다. 이 망원경은 버나드가 1892년에 목성의 위성 아말테아를 발견하는 데 기여했다. 로웰에게서 60센티미터짜리 망원경도 주문 받았다. 1895년에는 시카고 교외 여키스 천문대에 세계 최대를 자랑하는 지름 1미터짜리 렌즈의 굴절 망원경을 제공했다.

이 무렵 미국에서는 섀플리, 허블, 바데 등 거물급 천문학자들이 배출되면서 세계 천문학계를 주름잡았다. 1885년생인 섀플리는 신문 기자로 일하다 뒤늦게 대학에 들어간 언론인 출신이었다. 그는 전공보다 천문학에 더 관심을 기울인 결과 천문학자의 길을 걷게 되었다. 윌슨 산의 대형 망원경을 사용해 세페이드의 거리를 측정한 그는 이 성단이 은하계의 중심을 향해 구상으로 분포돼 있다는 사실을 밝혀 냈다. 그리고 은하계의 지름이 30만 광년이고, 태양계는 은하계의 중심으로부터 5만 광년 떨어진 위치에 있다는 놀라운 사실도 발표했다.

섀플리는 은하계의 정확한 형태를 규명한 천문학자로 후대 사람들에게 높이 평가 받고 있다. 그는 1927년부터 31년 동안 하버드대 천문대장으로 근무하다 1972년에 세상을 떠났다.

19세기 말 이후 천체 물리학의 발달로 대형 망원경이 출현했는데, 이는 또한 우주 탐구에 최고의 무기가 되었다.

1917년에 윌슨 산 천문대에 설치된 구경 2.5미터인 당대 최대의 반사 망원경은 이후 30년 동안 각종 우주 탐사에 활용되었다. 이때부터 성운에 대한 연구가 활발히 진행되었고, 소용돌이 성운의 실체가 명확히 밝혀졌다.

성운 연구에만 전념한 사람도 있었는데, 허블은 1889년에 미국 몬태나 주의 마시필드에서 태어났다. 1910년에 시카고 대학을 졸업하고 2년간 옥스퍼드 대학에서 유학하며 법률을 공부하기도 했다. 천문학에 관심이 많았던 그는 귀국 후 다시 시카고 대학원 천문학과에 입학했는데, 대학원 재학 시절부터 여키스 천문대 연구원으로 일했다.

188센티미터의 거구인 허블은 당시 세계 챔피언 잭 존슨으로부터 권투 선수가 되라는 권유를 받았으나 이를 뿌리치고 「성운의 사진 연구」로 천문학 박사 학위를 받았다. 졸업한 해인 1917년에는 윌슨 산 천문대 연구원으로 취직했다.

그는 윌슨 산 천문대의 대형 망원경으로 안드로메다 성운 안에서 별을 발견했다. 그 가운데 세페이드의 주기와 광도를 기준으로 성운의 거리를 측정했다. 그리고 은하계의 성운이 멀어진다는 것을 발견하고는 1929년에는 멀어지는 속도가 거리에 비례한다는 사실을 알아냈다. 아주 먼 성운의 속도는 광속에 달하는데, 우리가 볼 수 있는 우주에는 한계가 있다. 그 한계는 150억 광년이다.

허블은 1935년 가을에 예일 대학에서 그의 박사 학위 논문을 발표했다. 학생들은 강의가 끝나고도 자리를 뜰 줄 몰랐다. 학생과 강사 사이에 열띤 논쟁은 세 시간을 훌쩍 넘겼다. 그는 예일대생들을 향해 선언했다.

"우주가 팽창하는지 정지한 것인지는 미래에 선보일 첨단 망원경의 몫이 될 것입니다."

이때 강연한 내용에 서론을 붙여 『성운의 영역』을 출판했다.

"성운의 영역까지 정복한 것은 대형 망원경의 덕택이며, 성운도 은하

로웰이 우주를 관찰하던 천체 망원경

계와 같이 독립된 항성계라는 사실을 알 수 있었다."

허블이 사용한 구경 2.5미터짜리 대형 망원경은 당시 세계 최대였다. 따라서 『성운의 영역』에서 취급한 내용은 당시 관측할 수 있었던 최고의 우주 지식이었다.

모두 8장으로 구성된 이 책에서는 우주 공간 탐구, 소용돌이 모양의 와상 성운의 밝기, 크기, 모양과 분류, 성운의 거리 측정법, 멀리 있는 성운일수록 빠른 속도로 멀어져 간다는 속도와 거리의 비례 법칙 등에 관하여 설명하였다. 이는 우주 팽창설을 최초로 증명한 것이었다. 관측에 중점을 둔 이 책은 쉽고 간단하게 우주를 이야기하고 있다.

로웰이 우주를 관찰하고 있다.

허블은 1936년 가을에 모교인 옥스퍼드 대학에서 발표한 내용을 한데 모아 두 번째 저서 『관측에서 본 우주론』을 출판했다. 여기에서는 속도와 거리의 관계를 천체의 속도로 볼 것인가, 에너지의 소모로 볼 것인가를 상정했는데, 팽창 우주와 정지 우주를 함께 소개했다.

그 뒤 팔로마 산 천문대에 구경 5미터의 거대한 망원경이 설치되었는데, 허블은 1953년 팔로마 산 천문대에서 초대형 망원경이 작동 채비를 서두르고 있을 때 갑작스럽게 변을 당했다. 5미터짜리 초대형 우주 거울이 이제 막 우주 공간을 향해 눈을 뜨려고 하는 순간에 저세상 사람이 되어 버린 허블의 운명은 너무도 안타까웠다. 허블은 은하계 밖의 성운을 연구한 현대 천문학의 개척자인 동시에 팽창 우주에 대한 관측 증거를 처음으로 제시한 인물로서 높이 평가되고 있다.

그 뒤 많은 천문학자들이 등장해 그의 이론을 뒷받침했다. 월터 바데는 제2차 세계대전 당시 로스앤젤레스 시가 등화관제를 하는 틈을 타 안드로메다 성운이 매우 많은 별의 집단이라는 사실을 입증하는 사진을 촬영했다. 그는 전파 망원경에 처음 잡힌 천체를 사진으로 찾아내는 연구에 착수해 백조자리 A가 쌍둥이별이며, 이것이 은하계보다 훨씬 더 멀리 있다는 것도 밝혀 냈다. 이제 21세기 천문학자들은 백색왜성으로 일생을 마칠 태양의 운명을 점치고, 태양계 변방 저 너머에서 지구형 행성을 찾고 있다.

우리는 기원전 4세기의 아리스토텔레스로부터 우주의 신비를 캔 영웅들이 만들어 온 역사의 현장을 더듬어 보았다. 꿈의 21세기에 우주 개발의 종주국 자리를 과연 어느 나라가 차지할 것인지 자못 궁금하기만 하다. 역사가 이를 말해 줄 것이다. 길게 뻗은 우주 개척의 역사를 따라가며 역사는 노력하는 자의 편에 선다는 진리를 다시 한 번 깨닫는다.

퍼시벌 로웰

인터뷰

사업가 겸 외교관 출신이라는 이색적인 경력을 지닌 퍼시벌 로웰은 화성에서 외계인을 찾기 위해 부단히 노력했다. 그리고 해왕성 너머에 있는 명왕성을 예언했다.

1892년, 화성 운하 발견설을 주장하던 스키아파렐리가 시력을 잃어 화성 관측을 그만두자 그 뒤를 이어 작업을 대신하기로 결심하고 화성에서 외계인을 찾는 데 몰두하였다. 화성은 미국 보스턴 명문가의 로웰의 전 생애를 사로잡았다.

그는 애리조나 주 플래그스태프라는 도시의 한 언덕에 개인 천문대를 건설하고, 이곳을 '화성의 언덕'이라고 불렀다. 그곳에서 화성 표면의 특징과 그를 매료시켰던 운하들을 자세히 스케치했다.

대중들은 화성에 생명체가 존재한다고 굳게 믿고 있는 로웰에게 지지를 보내기도 했다. 그러나 일부에선 화성에 대한 그의 집착을 빗나간 애착이라고 혹평하기도 한다.

젊은 시절에 천문학을 취미 삼아 공부한 그는 하버드 대학을 졸업한 뒤 외교관 신분으로 일본에 근무한 적이 있는 특이한 경력이 있다. 조선에도 잠시 들러 고종 황제를 알현하기도 했다.

그는 르베리에와 애덤스가 발견한 해왕성이 궤도에서 약간 벗어나 운동하고 있는 사실에 주목, 해왕성 밖에 또 다른 행성이 존재한다고 가정했다. 그리고 미지의 행성을 X라 명명했다.

▲ 천문대 부지 물색을 직접 했다는데.

– 그건 다소 왜곡되었다. 나의 고향에서 멀리 떨어지긴 했어도 시계가 좋아 이곳에 터를 잡았다. 천문대는 구름이나 도시 불빛에 방해를 받지 않아야 한다. 시계는 대기의 안정도에 민감하므로 대기가 안정된 곳이라야 별의 이미지가 흔들리지 않는다. 반대로 대기가 심하게 교란되는 곳에서는 별의 이미지마저 몹시 흔들리게 된다. 맑은 날 밤에 별빛의 깜빡거림도 대기 교란 탓이다.

▲ 화성인의 존재를 믿는가?

– 화성에 운하망을 건설한 사람들이 바로 화성인이다. 화성인은 지구인보다 역사가 오래되었고, 지능도 더 뛰어나다고 볼 수 있다.

"화성엔 분명히
외계인이 존재한다"

명문 로웰가

퍼시벌 로웰은 하버드 대학을 졸업하고 견문을 넓히기 위해 자처해서 10여 년간 극동에서 근무했다. 그 뒤 로웰은 귀국하여 풍성한 재력을 바탕으로 공기가 건조하고 밤에 도시 불빛의 영향을 받지 않는 애리조나에 있는 해발 2,000미터 고지에 개인 천문대를 건설하였다. 그는 칠레의 안데스에 원정대를 이끌고 가서 고품질의 화성 사진을 촬영하기도 했다. 그는 미국의 보스턴 명문가 집안에서 태어났는데, 여동생은 유명한 시인 에밀 로웰이고, 형은 하버드 대학 총장을 지냈다.

백색왜성

태양과 같이 상대적으로 질량이 작은 별들은 일생을 마치고 폭발한 뒤 남은 핵 온도가 매우 높아서 하얗게 빛나는 작은 별이 된다.

명왕성

비운의 천체이다. 발견 당시부터 족보 문제로 시시비비가 끊이질 않더니만 21세기 벽두에 행성 식구에서 퇴출당하고 말았다. 왜소 행성으로 재분류된 명왕성은 저승의 신 하데스가 지배한다. 명왕성은 태양에서 약 59억 킬로미터 떨어진 지점에서 궤도를 돌고 있다. 명왕성의 적도 지름은 약 2,302킬로미터로, 달의 3분의 2 정도에 불과하다. 명왕성이 해왕성의 위성이라는 설도 있고, 위성 카론과 쌍둥이라는 설도 있다.

인내심을 끝까지 발휘한 톰보 씨에게

톰보 씨, 안녕하십니까?

1930년 2월 8일을 기억하시죠? 쌍둥이자리에서 움직이는 미지의 행성을 발견했는데 얼마나 힘드셨습니까?

매일 밤, 촬영한 천체 사진 두 장씩을 비교·분석하는 일에 열중했다고 들었습니다. 사진 한 장에 수십만 개의 별이 찍히는데, 그 두 장을 대조하여 하늘을 걸어 다니는 미지의 행성을 찾느라 얼마나 고생이 많으셨어요?

톰보 씨, 마지막 부인의 격려도 한몫한 것이라고 합니다. 또한 1930년 3월 13일, 로웰 탄생 75주년 기념일을 맞이해 새로운 미지의 행성 X의 발견 소식을 발표하여 칭찬을 많이 받았는데, 뒤늦게나마 축하드립니다. 명왕성이 바로 그 행성의 이름이지요?

1997년까지 살다 가신 분이라면 우리와 결별한 지 얼마 안 되었군요. 톰보 씨는 집안 형편이 어려워 대학에 갈 수 없었지만, 아버지 농장에 널려 있는 농기구 부품들을 주워 모아 구경 22.5센티미터짜리 망원경을 만들 정도로 천문학에 몰두했다고 하던데요.

톰보 씨, 슬픈 소식을 하나 전합니다. 명왕성이 자격 미달로 행성 가족에서 탈락되고, 불명예스럽게 왜소 행성으로 편입되었답니다.

[찾아보기]